室内设计
节点工艺构造手册
门窗·幕墙·交接面

锦唐艺术　编著

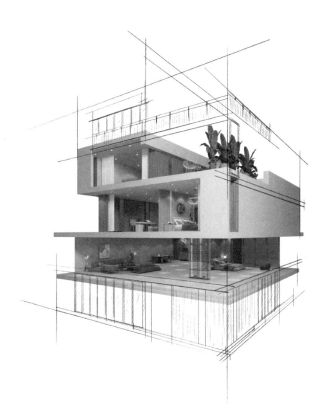

辽宁美术出版社

图书在版编目（ＣＩＰ）数据

室内设计节点工艺构造手册．门窗·幕墙·交接面 / 锦唐艺术编著．— 沈阳：辽宁美术出版社，2023.1

ISBN 978-7-5314-9199-6

Ⅰ．①室… Ⅱ．①锦… Ⅲ．①住宅-门-室内装饰设计-手册②住宅-窗-室内装饰设计-手册③住宅-幕墙-室内装饰设计-手册 Ⅳ．①TU241-62

中国版本图书馆CIP数据核字（2022）第100504号

出 版 者：辽宁美术出版社
地　　　址：沈阳市和平区民族北街29号　邮编：110001
发 行 者：辽宁美术出版社
印 刷 者：北京军迪印刷有限责任公司
开　　本：889mm×1194mm　1/16
印　　张：18
字　　数：200千字
出版时间：2023年1月第1版
印刷时间：2023年1月第1次印刷
责任编辑：严赫
版式设计：理想·宅
封面设计：理想·宅
责任校对：郝刚
ISBN 978-7-5314-9199-6
定　　价：1980.00元（全六册）

邮购部电话：024-83833008
E-mail：lnmscbs@163.com
http：//www.lnmscbs.cn
图书如有印装质量问题请与出版部联系调换
出版部电话：024-23835227

目 录 CONTENTS

交接面

5 墙面与顶棚交接处节点   157

6 墙面与地面交接处节点   231

1

门工艺节点

　　门作为建筑中最主要的交通通道，与家居的安全息息相关，除满足人流疏散的要求，门还兼有采光、通风的用途。同时，根据门在建筑结构中的位置，门还需具有一定的保温、隔声、防雨、防风沙等能力。

　　按照开启方式，门可分为平开门、推拉门、弹簧门和折叠门等数种，同时根据门材料与功能的不同，可分为实木门、玻璃门、金属门等。本章在门的各种分类中，选取了九种常用门，并对它们的施工工艺进行了解说。

1.1
平开木门

▶▶ 平开木门（单开）

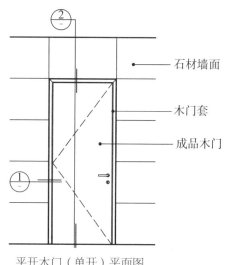

平开木门（单开）平面图

石材墙面

木门套

成品木门

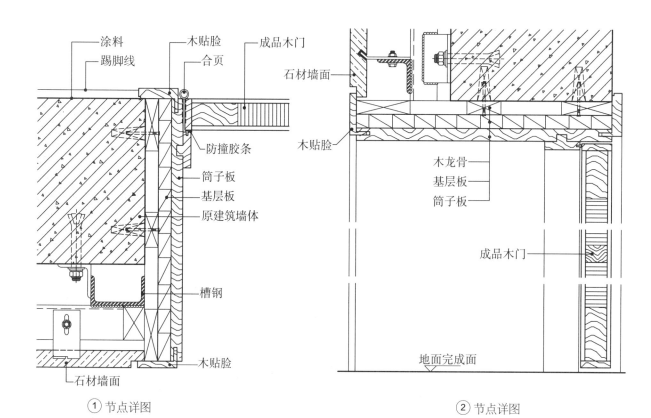

① 节点详图

② 节点详图

平开木门（单开）节点图

扫 / 码 / 观 / 看
"平开木门（单开）"三
维节点动图

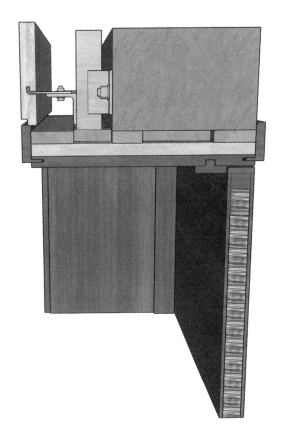

平开木门（单开）三维示意图

这种门芯为木料，表面贴有多层板和木饰
面，经高温压制而成的木门被称为实木复
合门。门芯多为松木、杉木等木料。

木贴脸　0.6mm 厚木饰面　门芯　把手　木骨架　原建筑墙体

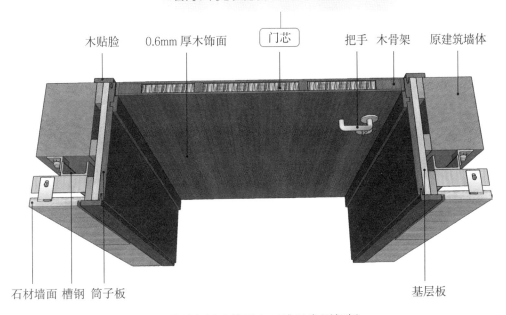

石材墙面　槽钢　筒子板　　　　基层板

平开木门（单开）三维示意图解析

工艺解析

第一步：施工准备

准备好符合设计要求的门套、门扇及门五金，并在施工前检查确保材料无窜角、翘扭、弯曲、劈裂、崩缺等问题。

第二步：定位弹线

在木门安装前，在距地面一定距离的地方弹出水平线和坐标基准线以确定门套的安装位置线。

第三步：组装门套

将门套横板压在两竖板之上，然后根据门的宽度确定两竖板的内径并用钉枪固定。左右两面固定好后，可用刀锯在横板与竖板的连接处开出一个贯通槽，以便线条顺利通上去。门套的正反两面均需开贯通槽，开好后将门套放入门洞。

第四步：门套矫正

根据门的宽度截三根木条，取门套的上、中、下三点，将木条撑起。在门套的侧面，上、中、下三点分别打上连接片，连接片直接固定在门套的侧面，门套与墙体紧连。

第五步：安装门板

固定前可将木条暂时取下，以方便门板出入，待门安装后再支撑起。先将合页安装在门板上，然后在门板底部垫约5mm的小板，将门板暂时固定在门套上面。

第六步：调整门板与门套间隙

门板固定好后，可取下底部垫的小木板，试着将门关上，调整门左右与门套的间隙。根据需要将间隙加以调整，使其形成一条直线，宽3mm~4mm，然后依次将连接片与门套、墙体牢牢固定好。

第七步：安装门套装饰线

切割门套装饰线条，线条入槽时为避免损坏线条，可垫纸。用锤子将装饰线条从根部轻轻砸入，先装两边，再装中间。

第八步：安装门档条

先将门档条切成45°斜角，然后将门关至合适位置，开始钉门档条横向部分，之后再钉竖向部分。最后将门档条上的扣线涂上胶水，之后扣入门档条上面的槽中。

第九步：安装门锁、把手及门吸

将门把手和门锁按设计图纸用螺丝固定在门扇上，安装时应先用钻头在门板上钻出螺丝本身长度的一半深度，再将螺丝旋入，而不应直接用铁锤将螺丝钉入。把手及门锁安装完成后，最后对门吸进行安装固定。

以松木、杉木为门芯的木门，重量轻，且不易变形开裂，但因所用木料的特性，此类木门容易损坏，且价格较为昂贵。

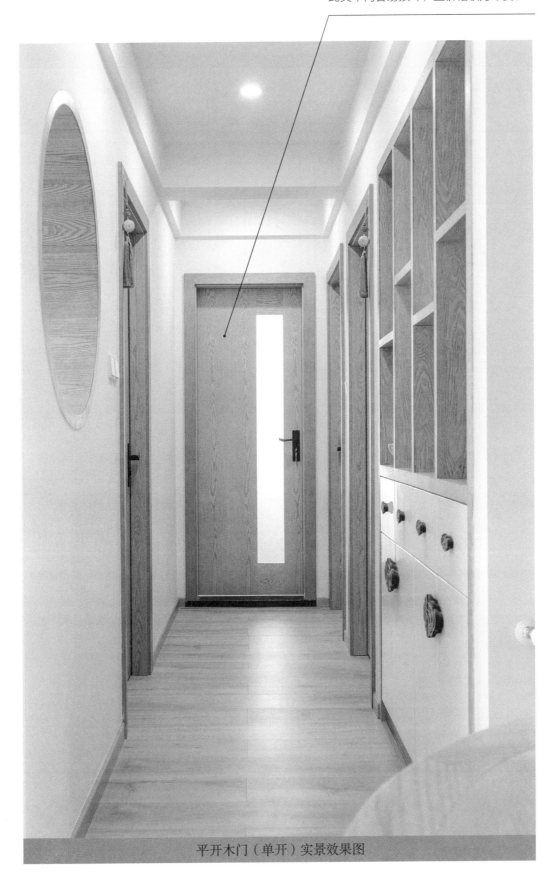

平开木门（单开）实景效果图

▶▶ **平开木门（双开）**

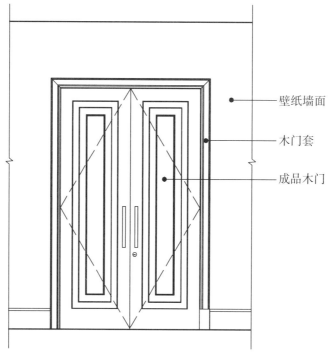

平开木门（双开）立面图

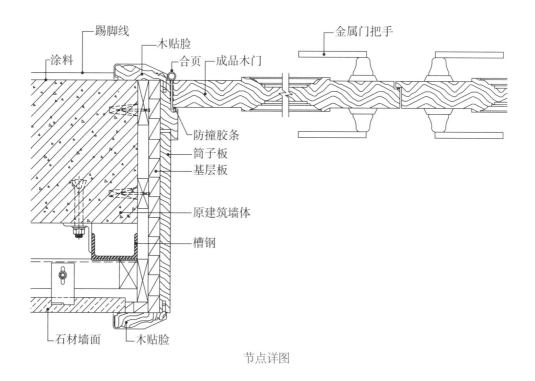

节点详图

平开木门（双开）节点图

平开木门（双开）三维示意图

成品木门以天然木料为原料，经干
燥、抛光等工序制作而成，也称为
实木门。实木门通常会选择一些有
价值的木材，因此价格高昂。

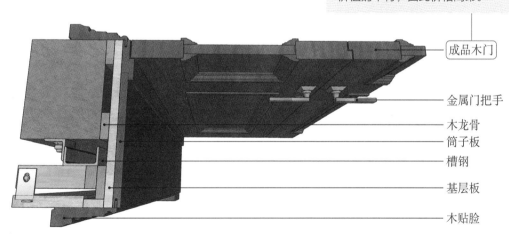

成品木门

金属门把手

木龙骨
筒子板
槽钢
基层板

木贴脸

平开木门（双开）三维示意图解析

—————————— / 门的分类 / ——————————

| 平开门 | 推拉门 | 弹簧门 | 折叠门 |

特点： 平开门是指合页装于门侧面、向内或向外开启的门。平开门有单开的和双开的，此外又分为单向开启和双向开启。适用于任意场景当中

特点： 推拉门是一种家庭常用门，除了最常见的隔断之外，推拉门广泛运用于书柜、壁柜、客厅、展示厅、推拉式户门等

特点： 弹簧门是指装有弹簧合页的门，开启后会自动关闭。弹簧门多用于公共场所通道、紧急出口通道

特点： 折叠门一般指的是多扇折叠、可推移到侧边、占空间较少的门。主要适用于车间、商场、办公楼、展示厅和家居空间等场所

工艺解析

根据设计图纸在地面开孔，孔的大小应与地弹簧配紧，安装完成后的地弹簧不能松动。

| 第一步 施工准备 | 第三步 安装地弹簧 | 第五步 门套矫正 | 第七步 安装门套装饰线 | 第九步 安装门锁、把手及门吸 |

| 第二步 定位弹线 | 第四步 组装门套 | 第六步 安装门板 | 第八步 安装门档条 |

弹出门套及地弹簧的安装位置线，使木门的转轴中心与地弹簧转轴中心重合。

将地弹簧转轴插入木门的转轴孔，保持门扇垂直及上下转动轴心重合，调节关门速度，用合页将门板固定在门套上。

实木门的隔音、保温效果良好，但因此类木门由天然木料整体制成，故开裂后不易修复。

平开木门（双开）实景效果图

1.2
推拉木门

▶▶ **推拉木门（贴墙明装）**

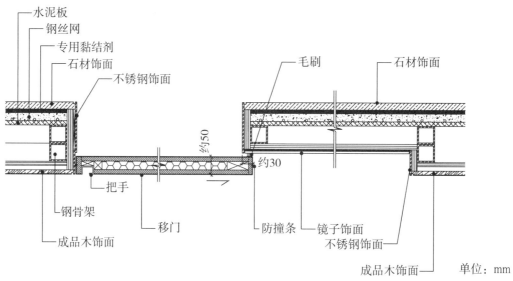

推拉木门（贴墙明装）平面图

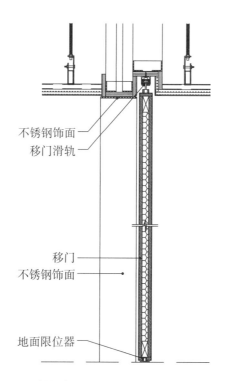

推拉木门（贴墙明装）立面图

推拉木门（贴墙明装）节点图

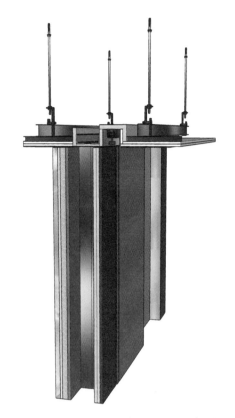

推拉木门（贴墙明装）三维示意图

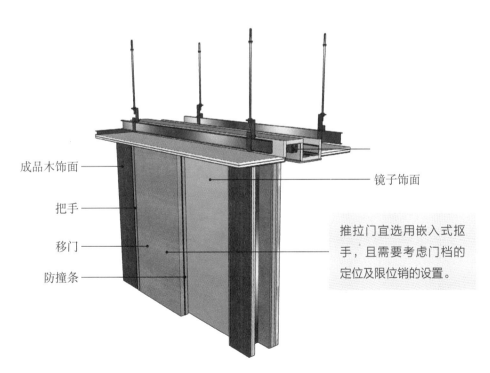

成品木饰面

把手

移门

防撞条

镜子饰面

推拉门宜选用嵌入式抠手，且需要考虑门档的定位及限位销的设置。

推拉木门（贴墙明装）三维示意图解析

工艺解析

第一步：墙面施工

根据门的尺寸在墙面加工出木门移动的槽道，并做镜子饰面。

第二步：安装上滑道

按照门洞宽度和门的开启方向安装上滑道，以门洞宽度的中心为基准，分两边进行固定。上滑道与门梁连接处的左右高度需要一致。

第三步：安装下滑道

从上滑道两端及中间用吊锤放垂直线，安装下滑道，确保上下滑道完全平行。

第四步：安装滑轮

将滑轮放入滑槽内安装。

第五步：安装门扇

通过人工或其他吊装工具将带凹入把手的木门扇竖直地放在下滑道中，同时将门扇上面的螺杆套入滑轮上的螺栓孔内，并将其固定。

第六步：安装限位器

在上滑道的底部或内部采用角钢安装限位器，焊接在距离滑轮边 10mm 的位置，让门扇的开启区域限制在其有效范围内。角钢与滑轮接触处要求必须设置厚度在 20mm 以上的硬质橡胶垫作为缓冲。

推拉门根据使用要求、装饰风格和结构形式，可以随时分隔和开放空间，灵活多变。

推拉木门（贴墙明装）实景效果图

▶▶ **推拉木门（贴墙暗装）**

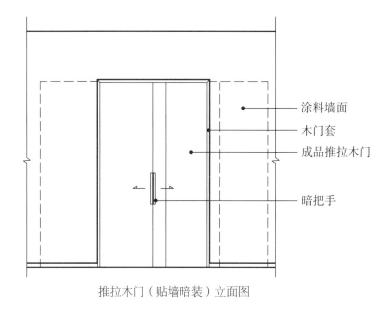

涂料墙面
木门套
成品推拉木门
暗把手

推拉木门（贴墙暗装）立面图

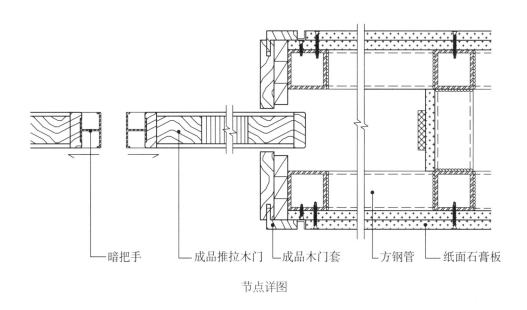

暗把手　成品推拉木门　成品木门套　方钢管　纸面石膏板

节点详图

推拉木门（贴墙暗装）节点图

扫 / 码 / 观 / 看
"推拉木门（贴墙暗装）"
三维节点动图

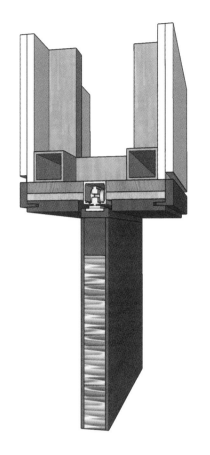

推拉木门（贴墙暗装）三维示意图

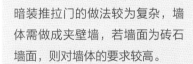

暗装推拉门的做法较为复杂，墙
体需做成夹壁墙，若墙面为砖石
墙面，则对墙体的要求较高。

暗把手　成品推拉门　成品木门套　纸面石膏板　方钢管

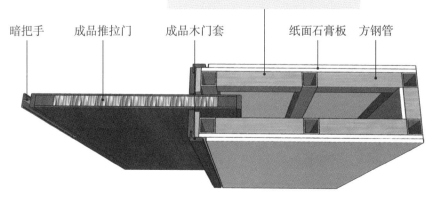

推拉木门（贴墙暗装）三维示意图解析

工艺解析

用方钢管在纸面石膏板墙面两侧做出暗藏的门滑道，与门相撞的方管贴防撞条。

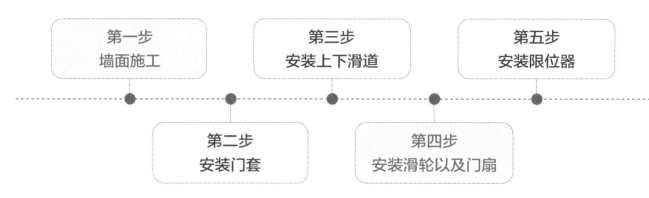

第一步 墙面施工	第三步 安装上下滑道	第五步 安装限位器

第二步 安装门套	第四步 安装滑轮以及门扇

将带暗把手的推拉门与滑道中的滑轮固定，并试推拉木门检查滑道是否顺畅。

相较明装的推拉门，暗装推拉门的空间完全敞开，且较为美观。但由于轨道暗藏，一旦滑轨出现问题，维修较为困难。

推拉木门（贴墙暗装）实景效果图

▶▶ 推拉木门（联动）

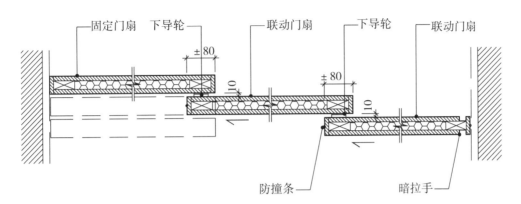

推拉木门（联动）平面图

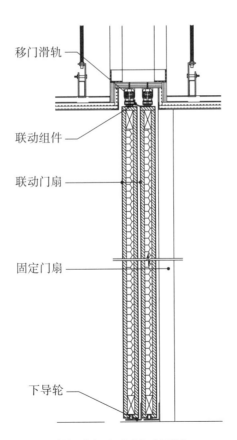

推拉木门（联动）立面图

推拉木门（联动）节点图

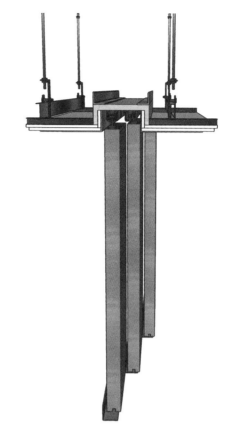

推拉木门（联动）三维示意图

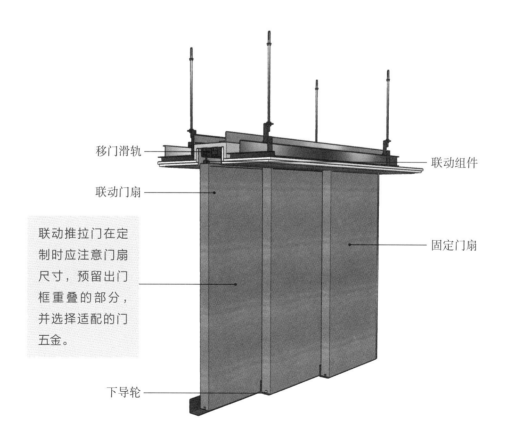

移门滑轨

联动组件

联动门扇

固定门扇

联动推拉门在定
制时应注意门扇
尺寸，预留出门
框重叠的部分，
并选择适配的门
五金。

下导轮

推拉木门（联动）三维示意图解析

工艺解析

在推拉门上部按设计
图纸尺寸安装轨道盒。

在联动门扇侧面贴防
撞条并加工暗把手，并在
门扇上下分别安装联动组
件与下导轮，联动组件与
下导轮均与导轨相接。

> **第一步**
> 安装轨道盒

> **第二步**
> 安装上轨道

> **第三步**
> 安装下轨道

> **第四步**
> 安装固定门扇

> **第五步**
> 安装联动门扇

联动门的轨道维修方便，可以实现空
间利用的最大化，但隔音效果较差。

推拉木门（联动）实景效果图

1.3
玻璃弹簧门

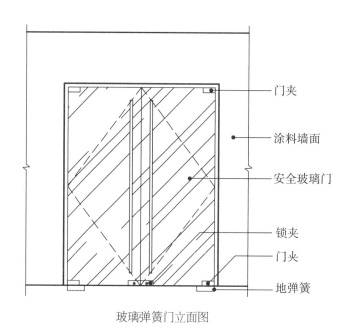

门夹

涂料墙面

安全玻璃门

锁夹

门夹

地弹簧

玻璃弹簧门立面图

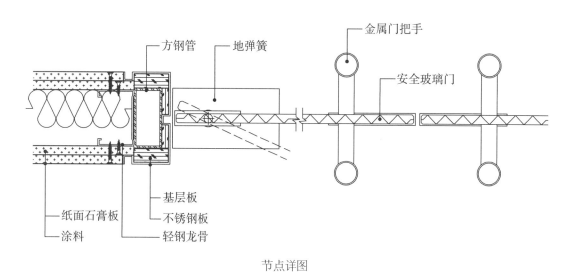

方钢管　　地弹簧　　　金属门把手

安全玻璃门

基层板
不锈钢板
轻钢龙骨

纸面石膏板
涂料

节点详图

玻璃弹簧门节点图

扫 / 码 / 观 / 看
"玻璃弹簧门"三维节点
动图

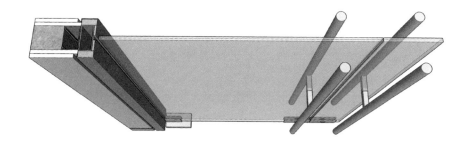

玻璃弹簧门三维示意图

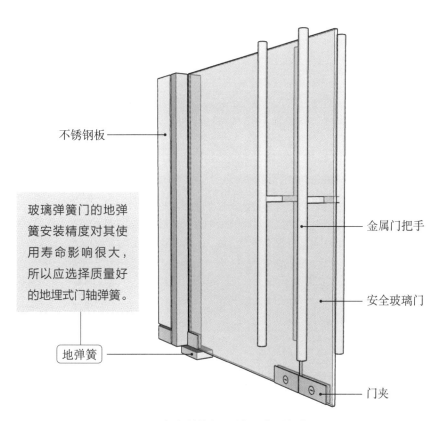

不锈钢板

玻璃弹簧门的地弹
簧安装精度对其使
用寿命影响很大，
所以应选择质量好
的地埋式门轴弹簧。

地弹簧

金属门把手

安全玻璃门

门夹

玻璃弹簧门三维示意图解析

工艺解析

第一步 施工准备	第三步 安装地弹簧	第五步 门套矫正	第七步 安装门套装饰线	第九步 安装门锁和把手

第二步 定位弹线	第四步 组装门套	第六步 安装门板	第八步 安装门档条

在墙地面弹出门部件的安装线，并画线做好标记，使玻璃门与门夹转轴重合。

玻璃弹簧门属于平开门的一种，它安全性能高，使用方便。但由于开启方式问题，空间利用率低，对于狭小的房间不太友好，通常用在办公空间及大型商业超市中。

用玻璃吸盘将装好门夹的门扇吸紧抬起，将地弹簧转轴插入玻璃门转轴孔内。调节地弹簧三个方向的螺丝，保持门扇垂直及上下转动轴心重合。最后调节完关门速度后，盖上地弹簧装饰盖。

玻璃弹簧门实景效果图

1.4
玻璃感应门

▶▶ 玻璃感应门（固定顶棚）

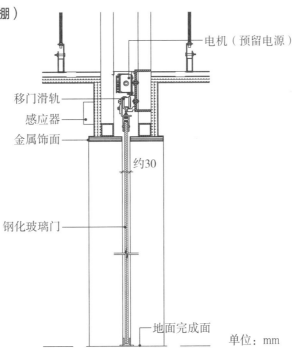

— 电机（预留电源）

移门滑轨 —
感应器 —
金属饰面 —

约30

钢化玻璃门 —

地面完成面

单位：mm

玻璃感应门（固定顶棚）节点图

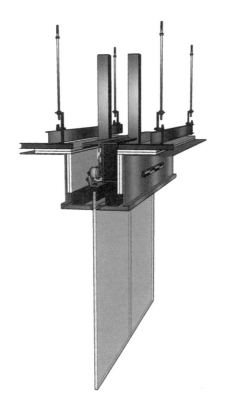

玻璃感应门（固定顶棚）三维示意图

安装玻璃感应门首先应该了解电机尺寸，并判断安装空间是否足够。同时，还应和电机供应商协调确定检修需求及检修方式。

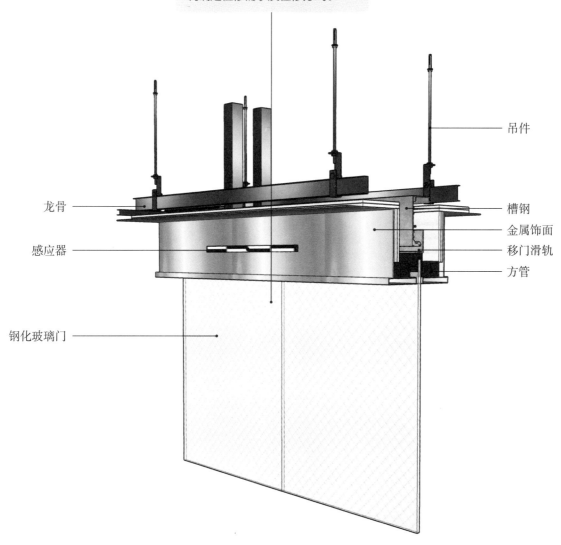

吊件

龙骨

槽钢

金属饰面

感应器

移门滑轨

方管

钢化玻璃门

玻璃感应门（固定顶棚）三维示意图解析

工艺解析

第一步：施工准备

检查感应门各零配件是否符合标准规定，并按设计要求选用，在安装前妥善保管，防止其受到污染。

第二步：定位放线

准确测定门内外的标高，按设计图纸规定尺寸放出导轨及门扇的安装位置线。

第三步：预埋地滑轨固定件

预埋滚轮导向铁件或预埋槽口木条。槽口木条采用长度为开启门宽两倍的方木。

第四步：地面滑轨安装

安装地面滑轨需注意下轨道顶标高应与地坪面层标高一致或略低 3mm 以内。

第五步：固定机箱

埋设钢板，并与横梁的槽钢牢固连接，预留电源的电机与槽钢固定，并在电机下将移门滑轨与槽钢连接。

第六步：安装横梁

安装方管，固定横梁尺寸大小，并贴金属饰面。金属饰面的拆装应方便今后的检测维修，一般可采用活动条密封，安装后不能使门受到安装应力。

第七步：安装门扇

检查上下滑轨是否顺直、平滑，不顺滑处用磨光机打磨平滑后安装滑动门扇。滑动门扇尽头装弹性材料。门扇滑动应平稳、顺畅。

第八步：调试

感应门安装后，对探测传感系统和机电装置进行反复调试，将感应灵敏度、探测距离、开闭速度等调试至最佳状态，以满足使用要求。

玻璃感应门适用于宾馆、酒店、写字楼
等建筑中，应用非常广泛。使用感应门，
具有降低噪音、防尘、防风等功用。

玻璃感应门（固定顶棚）实景效果图

►► 玻璃感应门（固定墙面）

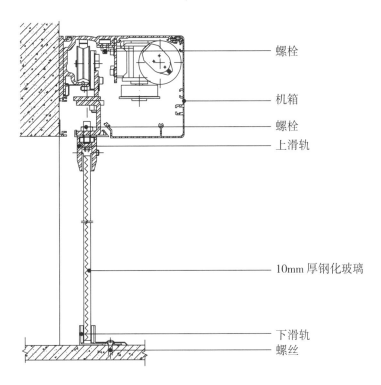

螺栓

机箱

螺栓

上滑轨

10mm 厚钢化玻璃

下滑轨
螺丝

玻璃感应门（固定墙面）节点图

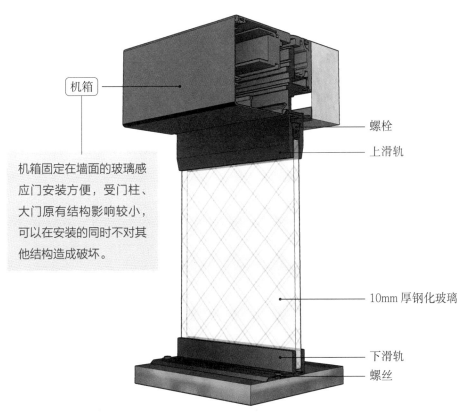

机箱

机箱固定在墙面的玻璃感应门安装方便，受门柱、大门原有结构影响较小，可以在安装的同时不对其他结构造成破坏。

螺栓

上滑轨

10mm 厚钢化玻璃

下滑轨
螺丝

玻璃感应门（固定墙面）三维示意图解析

扫 / 码 / 观 / 看
"玻璃感应（固定墙面）"
三维节点动图

工艺解析

在建筑外墙面安装机箱，确认安装位置正确后再进行固定，机箱预留安装滑轨的空间用槽钢与螺栓连接移门滑轨。

第一步 施工准备	第三步 预埋地滑轨固定件	第五步 固定机箱	第七步 调试

第二步 定位放线	第四步 地面滑轨安装	第六步 安装门扇

将机箱固定于墙面的电子感应门，避免了移门占用入口空间，更大程度上提高了空间利用率，可以被用作居民楼或写字楼大堂的大门。

玻璃感应门（固定墙面）实景效果图

1.5
玻璃铰链门

▶▶ **玻璃铰链门（固定玻璃）**

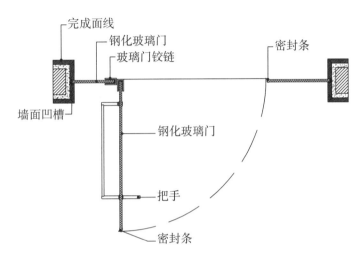

玻璃铰链门（固定玻璃）平面图

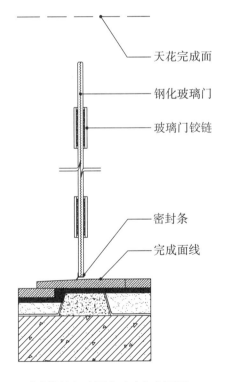

玻璃铰链门（固定玻璃）立面图

玻璃铰链门（固定玻璃）节点图

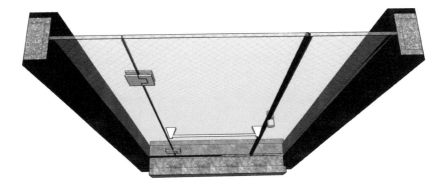

玻璃铰链门（固定玻璃）三维示意图

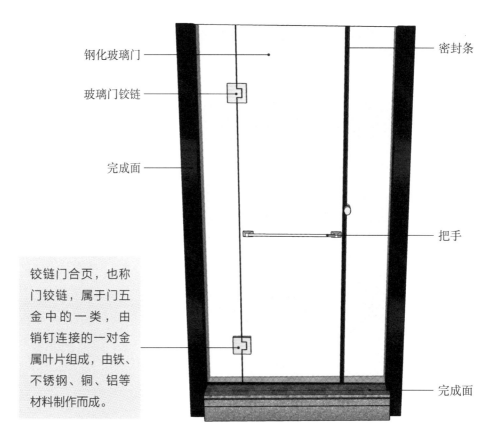

钢化玻璃门

密封条

玻璃门铰链

完成面

把手

铰链门合页，也称
门铰链，属于门五
金中的一类，由
销钉连接的一对金
属叶片组成，由铁、
不锈钢、铜、铝等
材料制作而成。

完成面

玻璃铰链门（固定玻璃）三维示意图解析

工艺解析

第一步：定位放线

由固定玻璃和活动玻璃门扇组合的玻璃门，统一进行放线定位。根据设计和施工图纸的要求，放出玻璃门的定位线，并确定门框位置，准确地测量地面标高、门框顶部标高以及中横框标高。

第二步：安装墙面玻璃

将钢化玻璃放入墙面预留的凹槽内，注玻璃胶进行固定，一端的墙面玻璃应安装铰链的孔洞，另一端墙面玻璃应做倒角处理并贴密封条。

第三步：安装门铰链

将铰链套入墙面玻璃的预留孔内，并用自攻螺丝进行固定。

第四步：安装门扇

钢化玻璃门扇上除铰链安装的孔洞外，还应打好门把手安装的孔洞，同时进行倒角处理，固定在墙面玻璃上，门扇地面贴密封条。

第五步：安装门把手

门把手通过玻璃门扇上的孔洞安装固定。

玻璃门的脆性大，抗冲击性能差，受多次打击后，玻璃易破碎，故应选购品质良好的钢化玻璃制作，避免受到意外冲击而导致玻璃门破碎的现象发生。

玻璃铰链门（固定玻璃）实景效果图

▶▶ **玻璃铰链门（固定墙面）**

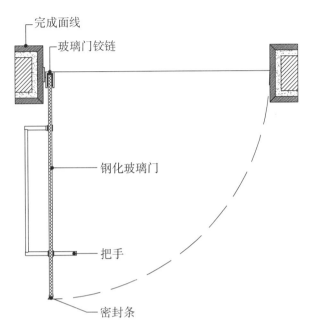

完成面线

玻璃门铰链

钢化玻璃门

把手

密封条

玻璃铰链门（固定墙面）平面图

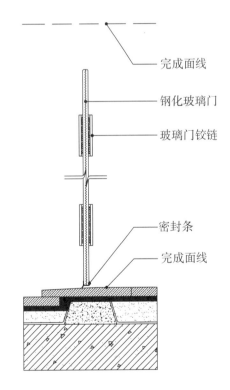

完成面线

钢化玻璃门

玻璃门铰链

密封条

完成面线

玻璃铰链门（固定墙面）立面图

玻璃铰链门（固定墙面）节点图

扫 / 码 / 观 / 看
"玻璃铰链门（固定墙面）"三维节点动图

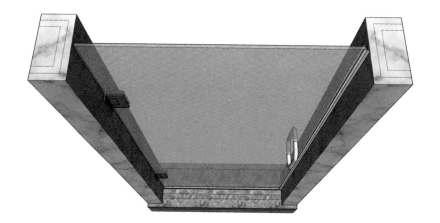

玻璃铰链门（固定墙面）三维示意图

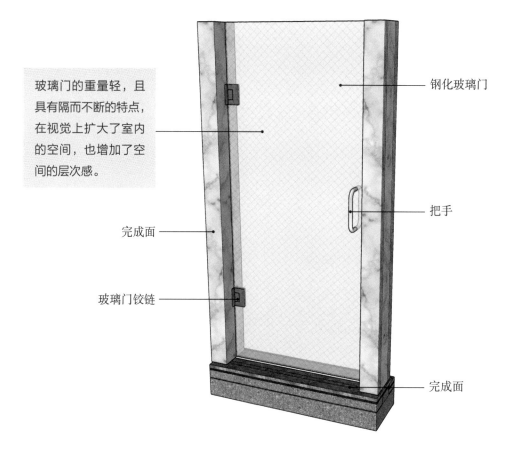

玻璃门的重量轻，且具有隔而不断的特点，在视觉上扩大了室内的空间，也增加了空间的层次感。

钢化玻璃门

完成面

把手

玻璃门铰链

完成面

玻璃铰链门（固定墙面）三维示意图解析

工艺解析

将经倒角处理的玻璃门扇与墙面固定。

第一步
定位放线

第二步
安装门铰链

第三步
安装门扇

第四步
安装门把手

在墙面放线位置安装门铰链。

玻璃门没有装修风格的限制，可以存在于各类的装修风格中。玻璃门风格的变换可以通过贴膜或玻璃上图案的刻画实现。

玻璃铰链门（固定墙面）实景效果图

1.6
玻璃推拉门

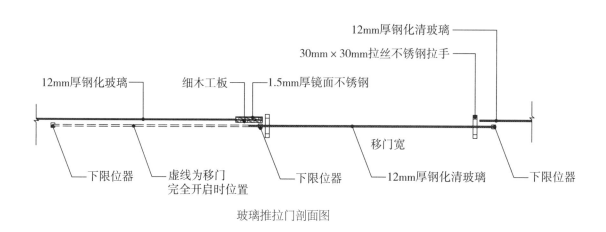

12mm厚钢化玻璃　　细木工板　　1.5mm厚镜面不锈钢　　12mm厚钢化清玻璃　　30mm×30mm拉丝不锈钢拉手

下限位器　　虚线为移门完全开启时位置　　下限位器　　移门宽　　12mm厚钢化清玻璃　　下限位器

玻璃推拉门剖面图

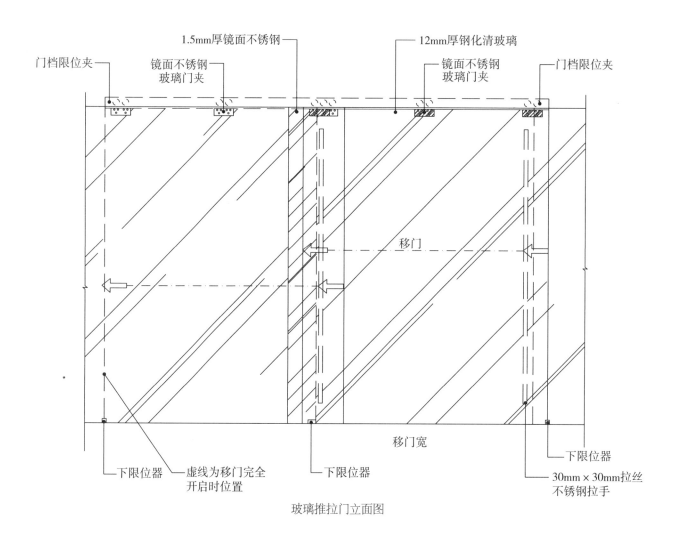

门档限位夹　　1.5mm厚镜面不锈钢　　12mm厚钢化清玻璃　　门档限位夹

镜面不锈钢玻璃门夹　　镜面不锈钢玻璃门夹

移门

移门宽

下限位器　　虚线为移门完全开启时位置　　下限位器　　下限位器　　30mm×30mm拉丝不锈钢拉手

玻璃推拉门立面图

玻璃推拉门节点图

扫 / 码 / 观 / 看
"玻璃推拉门"三维节点
动图

玻璃推拉门三维示意图

玻璃推拉门外观上简练光亮，能与
各类建筑进行搭配，达到协调简洁、
符合现代美学的装饰效果。

镜面不锈钢玻璃门夹　　1.5mm 厚镜面不锈钢

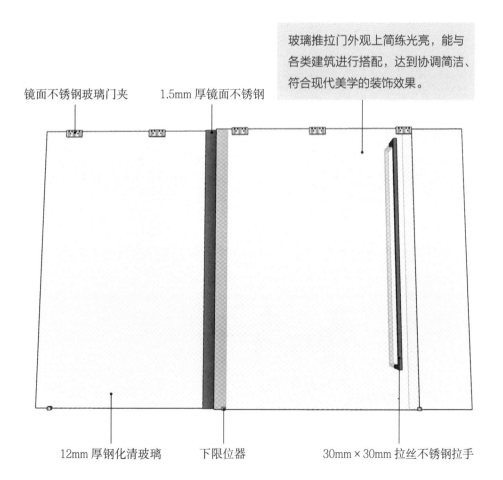

12mm 厚钢化清玻璃　　　下限位器　　　30mm×30mm 拉丝不锈钢拉手

玻璃推拉门三维示意图解析

工艺解析

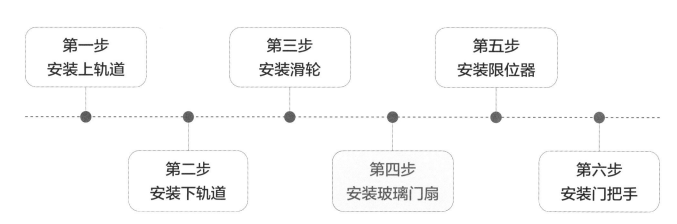

第一步 安装上轨道	第三步 安装滑轮	第五步 安装限位器
第二步 安装下轨道	第四步 安装玻璃门扇	第六步 安装门把手

在玻璃上方安装镜面不锈钢的玻璃门夹，并将门扇与上下滑道固定，左侧移门一端嵌入包 1.5mm 厚镜面不锈钢的细木工板中。

玻璃推拉门最常用于办公空间中，分隔空间的同时，又不会因为门的隔断导致办公场所显得过于狭小。

玻璃推拉门实景效果图

1.7
玻璃旋转门

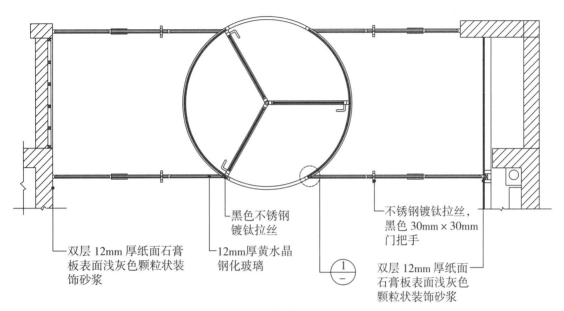

双层 12mm 厚纸面石膏板表面浅灰色颗粒状装饰砂浆

黑色不锈钢镀钛拉丝

12mm厚黄水晶钢化玻璃

① ⎯

不锈钢镀钛拉丝，黑色 30mm × 30mm 门把手

双层 12mm 厚纸面石膏板表面浅灰色颗粒状装饰砂浆

玻璃旋转门剖面示意图

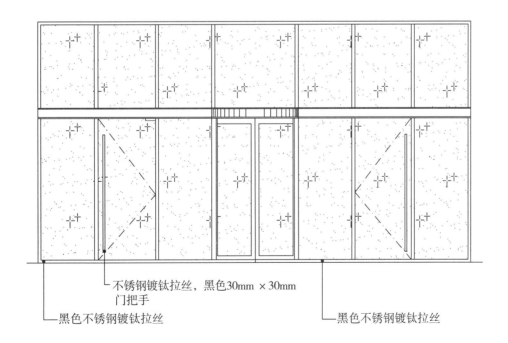

不锈钢镀钛拉丝，黑色30mm × 30mm 门把手

黑色不锈钢镀钛拉丝

黑色不锈钢镀钛拉丝

玻璃旋转门立面示意图

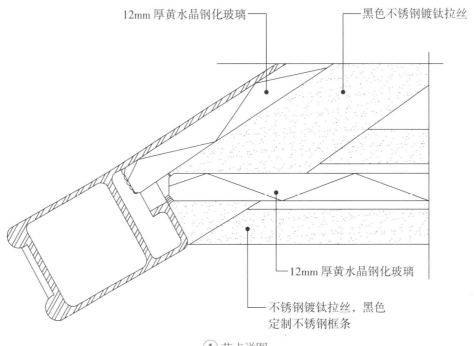

12mm 厚黄水晶钢化玻璃 —— 黑色不锈钢镀钛拉丝

—— 12mm 厚黄水晶钢化玻璃

—— 不锈钢镀钛拉丝，黑色
定制不锈钢框条

① 节点详图

玻璃旋转门节点图

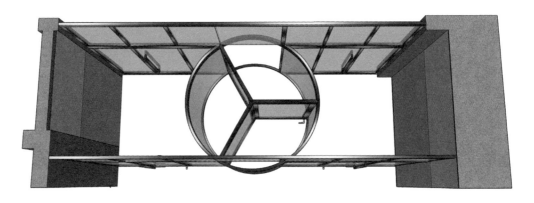

玻璃旋转门三维示意图

扫 / 码 / 观 / 看
"玻璃旋转门"三维节点
动图

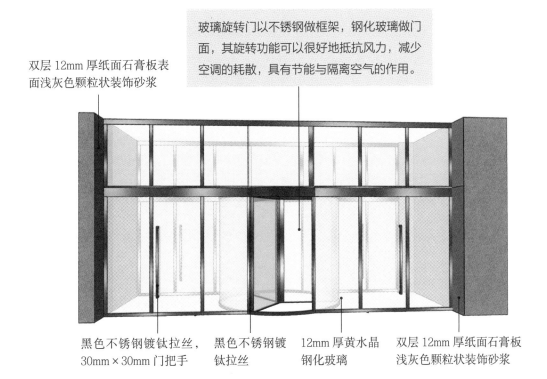

双层 12mm 厚纸面石膏板表面浅灰色颗粒状装饰砂浆

玻璃旋转门以不锈钢做框架，钢化玻璃做门面，其旋转功能可以很好地抵抗风力，减少空调的耗散，具有节能与隔离空气的作用。

黑色不锈钢镀钛拉丝，30mm×30mm 门把手

黑色不锈钢镀钛拉丝

12mm 厚黄水晶钢化玻璃

双层 12mm 厚纸面石膏板浅灰色颗粒状装饰砂浆

玻璃旋转门三维示意图解析

/ 玻璃旋转门选购的三大注意事项 /

① 门扇尺寸

玻璃旋转门的尺寸大小需与预留的门洞尺寸相匹配，避免因尺寸不合导致旋转门安装困难并影响后期的正常使用。

② 门扇结构

根据使用场景的不同，选择不同翼扇的玻璃旋转门。一般来说，人流量较多的场所选择少翼的旋转门较好，其中又以两至三翼为宜。

③ 门扇芯材

考虑到旋转门使用的轻便性，旋转门所用到的各类型材应结合起来，考虑其重量是否适用，玻璃厚度也应选择适宜的，以保证门体的质量及使用的方便。

工艺解析

第一步：测量放线

确定门洞尺寸及垂直度、地面水平度符合要求后，放线测出旋转门的中心点及其他部件安装的位置线，复核无误后，开始下一步的工序。

第二步：安装下弧夹、外轨

开立柱孔，安装立柱。将下弧夹与立柱连接，并用螺栓紧固。检查外轨的连接件备齐后，将外轨抬至立柱上，并立即固定，固定时每端不应少于两条螺栓。安装完后检查外轨位置是否准确，调整外轨连接缝隙、水平度并修整接缝。

第三步：安装内轨

在内轨中心安装主从动轮，并将紧固钢弧板、内轨辐条的Ｔ型螺栓和密封毛条提前装至内轨槽内，确定安装正确后，将内轨安装到外轨上。用两端连接板和钢弧板将内轨拼接。

第四步：安装机电梁

安装旋转门的悬臂及铝轨，并对压器安装板、驱动电机安装板、门轨道连接板等机电梁的构件进行安装。

第五步：安装旋转弧扇、曲面玻璃

在下弧夹玻璃槽内垫缓冲垫块，将弧扇安装到内轨上，调整弧扇在圆周上的位置，垂直度，与立柱、下夹的间距，安放固定曲面玻璃。

第六步：安装玻璃胶条

安装外弧玻璃胶条，胶条接缝处连接美观，接好后用胶液黏合。调节外弧玻璃间隙，并安装接缝胶条后，再对外侧密封胶条进行安装，为保证胶条密封的牢固性，在局部填充结构胶。

第七步：安装固定扇

检测固定扇门框的尺寸，对角线误差应小于2mm，高度与宽度误差应小于2mm，对大于此范围的误差进行调整后，安装固定门扇。

第八步：安装包扣板

下夹弧形内外板在包扣板黏结前进行预弯，弧度与下夹弧度一致，避免起拱或翘曲。立柱内侧包扣板需规则贴附在立柱上，长度合适，不得翘曲变形。

第九步：调试

通电观察门体运行情况，按要求调整传感器的检测范围及门体的位置参数。最后安装旋转门顶部防尘板并贴专用封条。

玻璃旋转门经常在商场、酒店等营业场所中使用，既有效提高了人口的流动性，又不会因为人员拥挤导致安全问题。

玻璃旋转门实景效果图

1.8
金属平开门

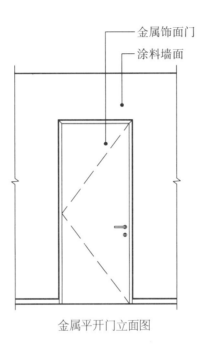

金属饰面门
涂料墙面

金属平开门立面图

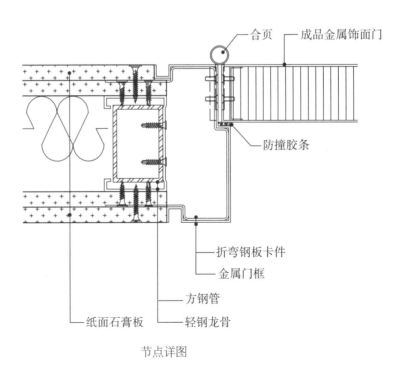

合页　成品金属饰面门

防撞胶条

折弯钢板卡件

金属门框

方钢管

纸面石膏板　轻钢龙骨

节点详图

金属平开门节点图

扫 / 码 / 观 / 看
"金属平开门"三维节点
动图

金属平开门三维示意图

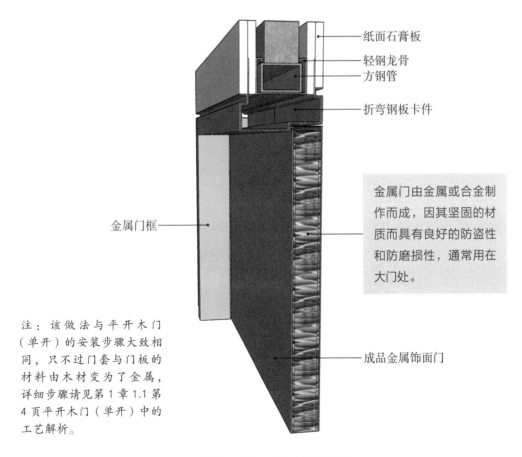

纸面石膏板

轻钢龙骨

方钢管

折弯钢板卡件

金属门由金属或合金制作而成，因其坚固的材质而具有良好的防盗性和防磨损性，通常用在大门处。

金属门框

成品金属饰面门

注：该做法与平开木门（单开）的安装步骤大致相同，只不过门套与门板的材料由木材变为了金属，详细步骤请见第 1 章 1.1 第 4 页平开木门（单开）中的工艺解析。

金属平开门三维示意图解析

金属门在各类材料的门扇中，隔音效果最
好，可以用在有一定隔音要求的建筑中。

金属平开门实景效果图

1.9
消火栓门

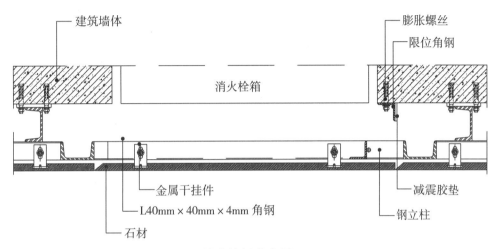

消火栓门节点图

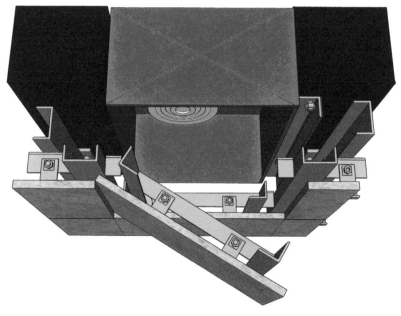

消火栓门三维示意图

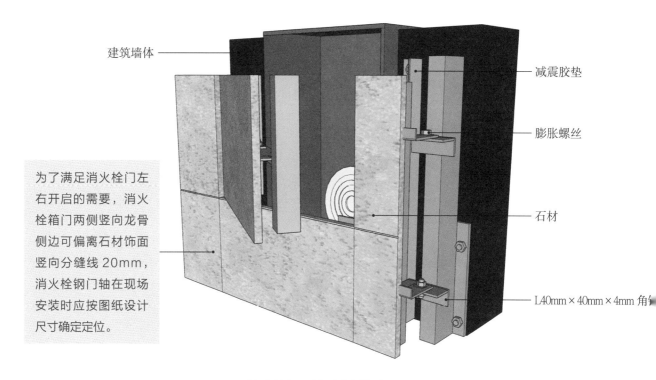

为了满足消火栓门左右开启的需要，消火栓箱门两侧竖向龙骨侧边可偏离石材饰面竖向分缝线20mm，消火栓钢门轴在现场安装时应按图纸设计尺寸确定定位。

建筑墙体

减震胶垫

膨胀螺丝

石材

L40mm×40mm×4mm 角钢

消火栓门三维示意图解析

/ 消火栓箱门的材料要求 /

　　① 消火栓箱箱体应使用厚度不小于 1.2mm 的薄钢板或铝合金材料制造，也可使用其他符合标准的材料。

　　② 箱门的材料可以根据消防工程的规定结合建筑装饰的要求进行确定，箱门若是镶玻璃的，则箱门玻璃的厚度不得小于 4mm。

　　③ 水带的挂架、托架以及水带盘均应由耐腐蚀的材料制作而成，若用到其他不防腐的材料则必须进行耐腐蚀处理。

　　④ 箱内配置的消防软管卷盘的开关喷嘴、弯管、卷盘轴及水路系统零部件，应该用铜合金或铝合金材料制造，也可以用强度和耐腐蚀性能符合设计要求的其他材料替代。

工艺解析

第一步：测量放线

先将基层表面清理干净，而后在结构上弹出消火栓箱门的安装位置线以及角钢、槽钢的安装位置线，并在大角放出水平和垂直的控制线。

第二步：石材加工

在石材背面需挂装的位置打孔开槽，并在消火栓箱门位置处将石材裁出，对裁出的石材及其余的石材进行倒角处理。

第三步：安装龙骨

将限位角钢用膨胀螺栓固定在建筑墙体上，并在一角外侧贴装减震胶垫。横向的尺寸为 40mm×40mm×4mm 的镀锌角钢与竖向的限位角钢固定，竖向槽钢作为龙骨侧边偏离消火栓箱门竖向分缝线镶入横向角钢中，焊接固定。

第四步：安装挂件

将金属干挂件用螺丝固定在横向镀锌角钢上方。消火栓门的挂件分别安装在门两条竖向位置线内，同样用螺丝进行固定，挂件仅安装在消火栓门的顶部。

第五步：安装门轴

在门开另一侧的挂件边安装一根角钢，角钢一边与钢立轴焊接固定。

第六步：安装石材

开了门洞的饰面石材，按弹出的位置线整块安装在金属干挂件上，确定安装正确后将石材开槽注入结构胶固定。消火栓门石材安装在钢立轴上。关门后观察石材间的缝隙是否符合标准，石材面是否保持在同一水平面，安装是否牢固。确认后对石材表面进行清理。

消火栓箱通常放置在走廊或厅堂等公共空间中，消火栓箱门做石材装饰时表面仍需有较为醒目的标志。

消火栓门实景效果图

2

窗工艺节点

　　窗由窗框、玻璃和活动构件三部分组成，在建筑中承担采光、通风及装饰等功能。窗框负责支撑窗体的主结构，可以是木材、金属、陶瓷或塑料材料；玻璃依附在窗框上；活动构件则主要以金属材料为主。

　　室内的规划格局不同，适用的窗户类型也不尽相同。窗户根据材质可分为木窗、铝合金窗、塑钢窗、断桥铝窗等多种类型，按造型又可分为平开窗、推拉窗、落地窗、百叶窗等类型。本章结合这两种窗户的分类方式，对三种常见窗户的施工工艺进行了说明，同时也列举出窗户装饰中必不可少的窗台板的三种施工工艺。

2.1
平开石材饰面窗

▶▶ 平开石材饰面窗（单开）

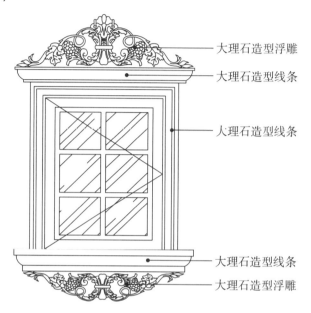

大理石造型浮雕

大理石造型线条

大理石造型线条

大理石造型线条

大理石造型浮雕

平开石材饰面窗（单开）立面图

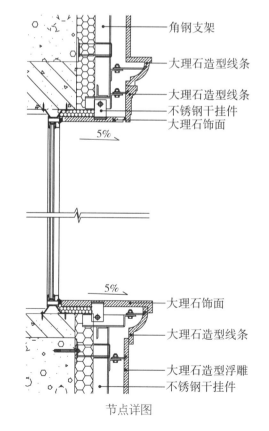

角钢支架

大理石造型线条

大理石造型线条

不锈钢干挂件

大理石饰面

5%

5%

大理石饰面

大理石造型线条

大理石造型浮雕

不锈钢干挂件

节点详图

平开石材饰面窗（单开）节点图

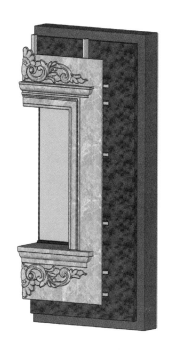

平开石材饰面窗（单开）三维示意图

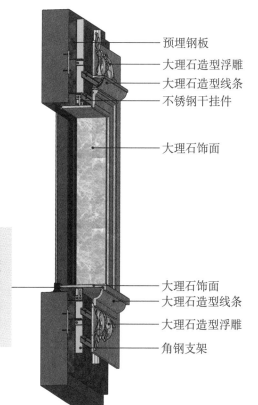

预埋钢板
大理石造型浮雕
大理石造型线条
不锈钢干挂件

大理石饰面

大理石饰面
大理石造型线条
大理石造型浮雕
角钢支架

大理石窗台拼接无缝，
结构致密不渗透，材质
环保无辐射，磕碰后易
导致缺损，影响窗户的
美观。

平开石材饰面窗（单开）三维示意图解析

工艺解析

第一步：定位弹线

按设计图纸在墙面弹出窗边线，并画出窗下标高线。

第二步：安装窗框

窗框两侧与上侧用电锤在外墙打孔，用胀管钉固定，用固定贴片将窗框四周固定。确定安装位置正确后，用密封胶进行密封。

第三步：安装玻璃

在窗的一侧槽口固定好密封条，安好玻璃，定位后，再在对侧进行固定并向槽口的空腔注入密封胶填缝固定。

第四步：安装五金件

在窗框上预留出的孔洞内安装锁具把手，调试确定无误后再进行下一步。

第五步：安装窗台

窗台采用大理石造型浮雕饰面，通过不锈钢干挂件与墙面 80mm 厚的挤塑聚苯板保温层固定。

第六步：清理表面

用棉布清理窗户及窗台表面的污渍。

平开窗的分格灵活性较大，可以将其做出任何线条的立面效果，故其较适用于整体效果要求较高的建筑，如住宅楼、别墅等。

平开石材饰面窗（单开）实景效果图

▶▶ 平开石材饰面窗（双开有副窗）

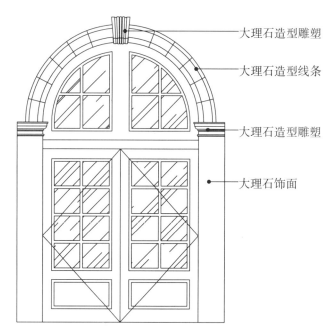

大理石造型雕塑

大理石造型线条

大理石造型雕塑

大理石饰面

平开石材饰面窗（双开有副窗）立面图

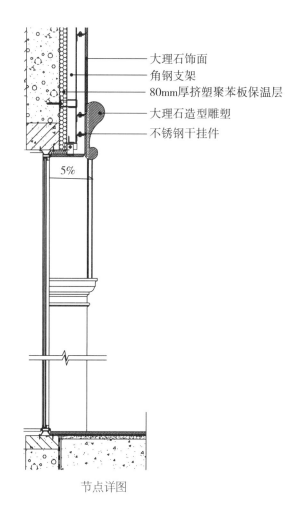

大理石饰面

角钢支架

80mm厚挤塑聚苯板保温层

大理石造型雕塑

不锈钢干挂件

5%

节点详图

平开石材饰面窗（双开有副窗）节点图

扫 / 码 / 观 / 看
"平开石材饰面窗（双开
有副窗）"三维节点动图

平开石材饰面窗（双开有副窗）三维示意图

80mm 厚挤塑聚苯板保温层

角钢支架

不锈钢干挂件

大理石造型雕塑

大理石造型线条

副窗又称亮子，在窗户上方，有着辅助采光和通风的用途，可以按平开、固定及上、中、下悬的开启方式进行分类。

大理石饰面

平开石材饰面窗（双开有副窗）三维示意图解析

工艺解析

| 第一步
定位弹线 | 第三步
安装窗框 | 第五步
安装五金件 | 第七步
清理表面 |

| 第二步
安装成品副窗 | 第四步
安装玻璃 | 第六步
安装窗台 |

成品副窗的高度依据黄金比例的原则在 200mm~600mm 选取，固定在窗洞上方。

窗台采用大理石造型线条饰面，通过不锈钢干挂件与角钢支架固定。

高度大于 1.5m 的窗户，为防止变形，通常会把上边的活动窗框改为固定的副窗，但因不易清洁等原因，较少用在住宅内。

平开石材饰面窗（双开有副窗）实景效果图

▶▶ 平开石材饰面窗（双开无副窗）

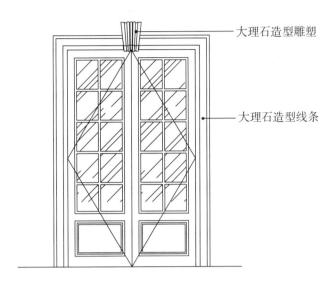

大理石造型雕塑

大理石造型线条

平开石材饰面窗（双开无副窗）立面图

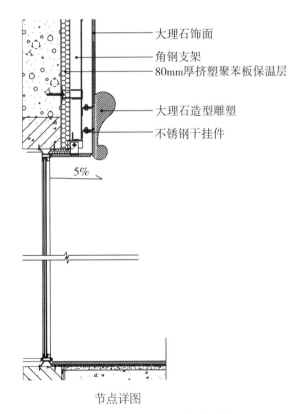

大理石饰面

角钢支架

80mm厚挤塑聚苯板保温层

大理石造型雕塑

不锈钢干挂件

5%

节点详图

平开石材饰面窗（双开无副窗）节点图

扫 / 码 / 观 / 看
"平开石材饰面窗（双开无副窗）"三维节点动图

平开石材饰面窗（双开无副窗）三维示意图

80mm 厚挤塑聚苯板保温层

角钢支架

镀锌钢板

不锈钢干挂件

大理石造型雕塑

大理石饰面

成品窗扇

窗户开启把手的高度设计要因人而异，即把手高度要根据室内经常开关窗的成人身高进行设定。

注：该做法与平开石材饰面窗（单开）的安装步骤大致相同，只不过单扇玻璃的安装改为了双扇，详细步骤请见第 2 章 2.1 第 54 页平开石材饰面窗（单开）中的工艺解析。

平开石材饰面窗（双开无副窗）三维示意图解析

平开窗的优点是开启面积大，密封性好，隔音、保温、抗渗能力优良。内开式擦窗方便；外开式开启不占空间，广泛运用于住宅建筑中。

平开石材饰面窗（双开无副窗）实景效果图

2.2
平开木质窗

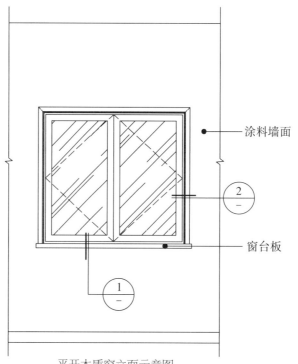

涂料墙面

② —

窗台板

① —

平开木质窗立面示意图

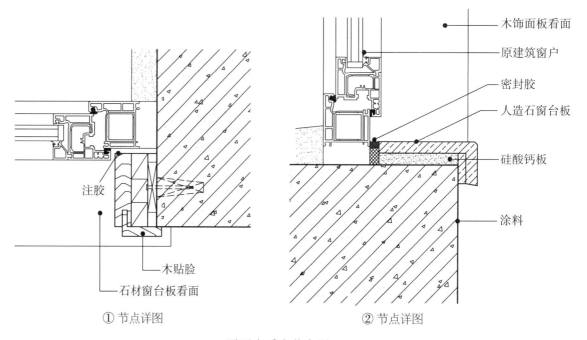

注胶

木贴脸

石材窗台板看面

① 节点详图

木饰面板看面

原建筑窗户

密封胶

人造石窗台板

硅酸钙板

涂料

② 节点详图

平开木质窗节点图

扫 / 码 / 观 / 看
"平开木质窗"三维节点
动图

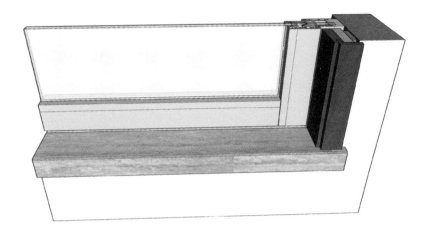

平开木质窗三维示意图

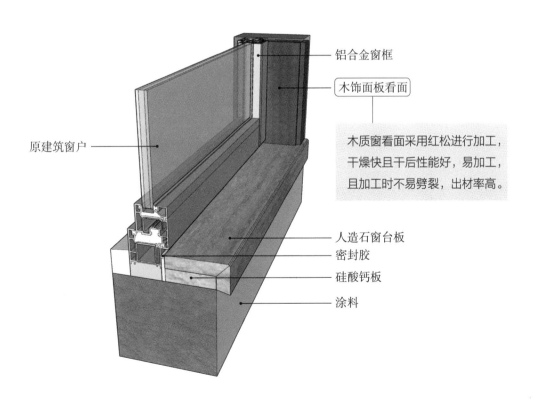

铝合金窗框

木饰面板看面

原建筑窗户

木质窗看面采用红松进行加工，干燥快且干后性能好，易加工，且加工时不易劈裂，出材率高。

人造石窗台板

密封胶

硅酸钙板

涂料

平开木质窗三维示意图解析

工艺解析

安装人造石窗台板以及木饰
面板，并在窗台和木饰面与窗套
间的间隙中注密封胶。

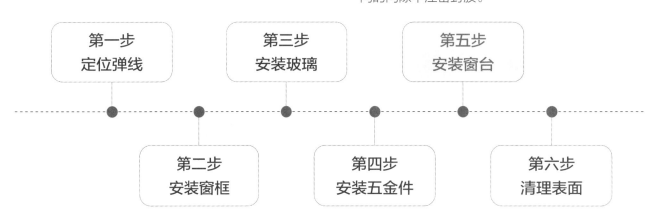

第一步 定位弹线	第三步 安装玻璃	第五步 安装窗台
第二步 安装窗框	第四步 安装五金件	第六步 清理表面

木质窗的视觉和触觉效果相较其他材质的
窗户较好，用在中式或日式的建筑中，可
以创造出和谐宜人的室内环境。

平开木质窗实景效果图

2.3
落地窗

▶▶ 落地窗

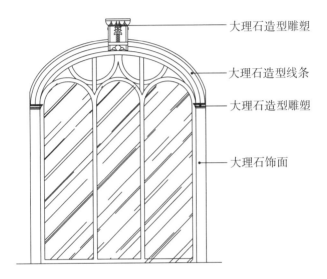

大理石造型雕塑

大理石造型线条

大理石造型雕塑

大理石饰面

落地窗立面图

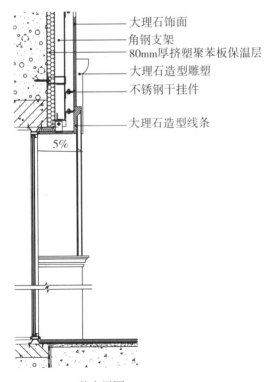

大理石饰面
角钢支架
80mm厚挤塑聚苯板保温层
大理石造型雕塑
不锈钢干挂件

大理石造型线条

5%

节点详图

落地窗节点图

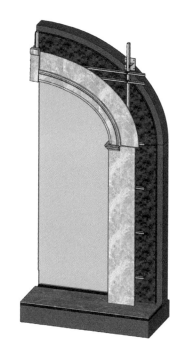

落地窗三维示意图

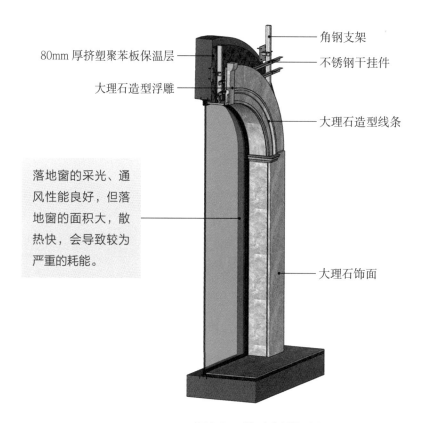

80mm 厚挤塑聚苯板保温层

大理石造型浮雕

角钢支架

不锈钢干挂件

大理石造型线条

落地窗的采光、通风性能良好，但落地窗的面积大，散热快，会导致较为严重的耗能。

大理石饰面

落地窗三维示意图解析

工艺解析

第一步：定位弹线

弹线标出落地窗安装的垂直、水平线及进出方向，并确定固定片标高位置。

第二步：连接固定件

用电钻在柱和墙上钻孔，塞入膨胀螺栓，拧紧螺栓将其固定在墙洞内，螺栓外露部分抹密封胶后装上盖帽。固定片用自攻螺丝与窗框固定。

第三步：安装窗框

确定窗框上下、内外朝向，用落地窗专用膨胀螺栓直接连接，用发泡剂填充窗框与洞口之间的缝隙，30分钟后将外溢的发泡剂去除。

第四步：安装玻璃

将玻璃装入窗框，四边垫入不同厚度的玻璃垫片，边框处的垫块用PVC胶固定，玻璃用压条固定。

第五步：安装五金件

门窗锁具的连接螺丝与钢衬可靠连接，位置正确。

第六步：安装大理石饰面

用不锈钢干挂件将大理石造型雕塑及线条饰面与墙面80mm厚挤塑聚苯板保温层上的角钢支架固定。

第七步：表面处理

用建筑密封膏嵌填窗框内外侧与洞口间隙，要求密实平整、宽窄均匀，形成坡度。做玻璃面、框扇表面卫生，去除剩余部分的保护贴膜。

落地窗可以增加空间的阔度，窗外的风景一览无遗，室内外情景交融，丰富居室内容，用在酒店、办公大楼时，可以使视觉效果更加高端大气。

落地窗实景效果图

▶▶ 落地窗（仿透光）

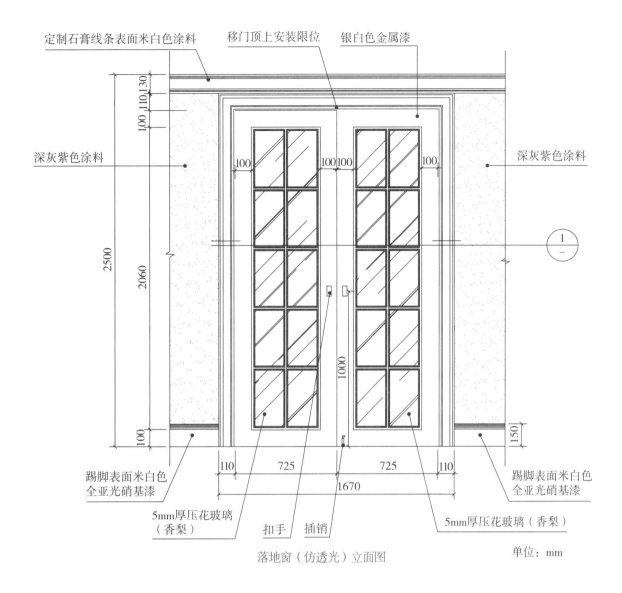

定制石膏线条表面米白色涂料　移门顶上安装限位　银白色金属漆

深灰紫色涂料

深灰紫色涂料

2500

2060

1000

100 110 130

100

150

踢脚表面米白色
全亚光硝基漆

5mm厚压花玻璃
（香梨）

扣手　插销

5mm厚压花玻璃（香梨）

踢脚表面米白色
全亚光硝基漆

110　725　725　110

1670

落地窗（仿透光）立面图

单位：mm

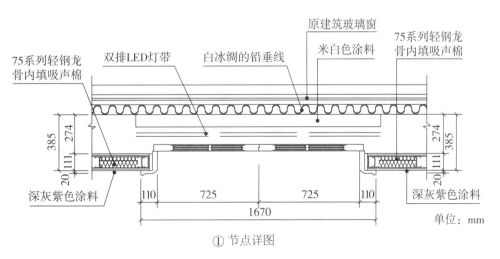

75系列轻钢龙
骨内填吸声棉

双排LED灯带　白冰绸的铅垂线

原建筑玻璃窗

米白色涂料

75系列轻钢龙
骨内填吸声棉

385　274　111　20

385　274　111　20

深灰紫色涂料

深灰紫色涂料

110　725　725　110

1670

单位：mm

① 节点详图

落地窗（仿透光）节点图

069

扫 / 码 / 观 / 看
"落地窗（仿透光）"三
维节点动图

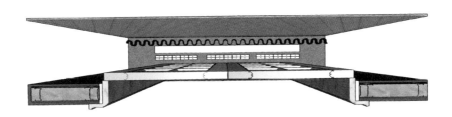

落地窗（仿透光）三维示意图

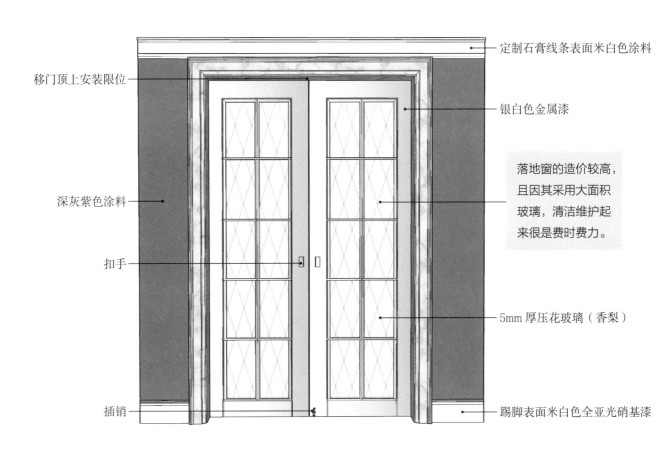

定制石膏线条表面米白色涂料

移门顶上安装限位

银白色金属漆

落地窗的造价较高，
且因其采用大面积
玻璃，清洁维护起
来很是费时费力。

深灰紫色涂料

扣手

5mm 厚压花玻璃（香梨）

插销

踢脚表面米白色全亚光硝基漆

落地窗（仿透光）三维示意图解析

/ 常见窗的类型 /

塑钢窗

铝合金窗

木窗

特点：塑钢窗价格较低，性价比较高，是目前强度最好的窗户，现仍被广泛使用。塑钢窗与铝合金窗相比，具有更优良的密封、保温、隔热、隔音性能。从装饰角度看，塑钢窗的表面可着色、覆膜，做到多样化

特点：铝合金窗在家装中，常用于封装阳台。铝合金推拉窗具有美观、耐用、便于维修、价格便宜等优点，但也存在推拉噪声大、保温差、易变形等问题

特点：木窗在现代居室空间的使用中多半作为局部的点缀性装饰，可用作壁饰、隔断、天花装饰、桌面、镜框等。木门窗不仅适用于中式古典风格和新中式风格，还可用于东南亚风格、新古典风格、日式风格等空间装饰

工艺解析

与窗框相连的窗沿用表面涂有米白色涂料的定制石膏线条，并用硅胶填充缝隙。

第一步 定位弹线	第三步 连接固定件	第五步 安装玻璃	第七步 安装饰面

第二步 安装背景饰面构件	第四步 安装窗框	第六步 安装五金件	第八步 表面处理

在原建筑玻璃窗前装设白冰绸，并在落地窗后安装双排LED灯带。

仿透光落地窗既能保持室内充足的光
线，也具有良好的私密性，可以用于
隐私要求较高的公寓住宅内。

落地窗（仿透光）实景效果图

2.4
石材窗台板

▶▶ **石材窗台板（1）**

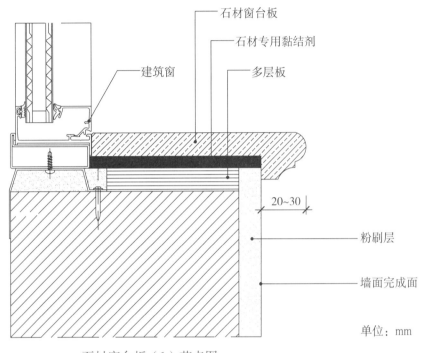

石材窗台板
石材专用黏结剂
多层板
建筑窗
20~30
粉刷层
墙面完成面
单位：mm

石材窗台板（1）节点图

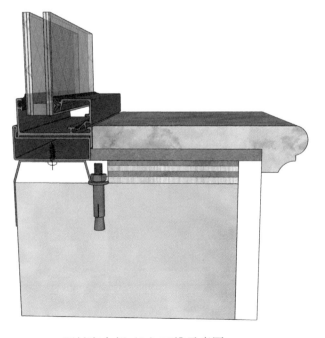

石材窗台板（1）三维示意图

扫 / 码 / 观 / 看
"石材窗台板（1）"三维
节点动图

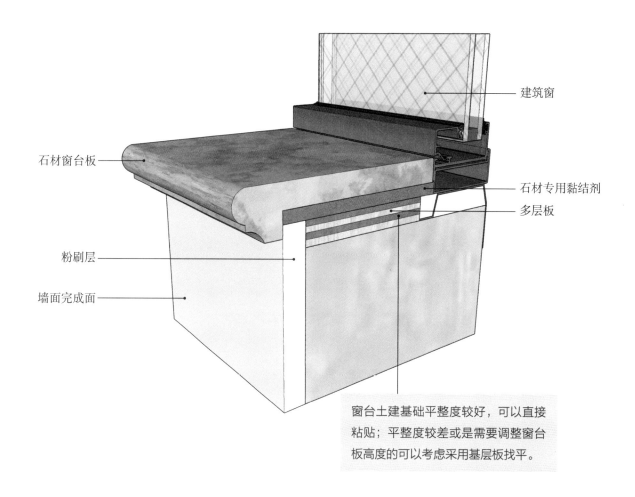

建筑窗

石材窗台板

石材专用黏结剂

多层板

粉刷层

墙面完成面

窗台土建基础平整度较好，可以直接粘贴；平整度较差或是需要调整窗台板高度的可以考虑采用基层板找平。

石材窗台板（1）三维示意图解析

/ 常见的几种窗台板的材料 /

石材窗台板

常见的石材窗台板的类型有大理石、花岗石以及人造石。石材窗台板均具有硬度高、光洁度好等优点，可以根据使用场景的不同，采用不同材质的石材

亚克力窗台板

亚克力窗台板可以做任意的造型，并实现无缝拼接的技术。亚克力导热慢，纯色的亚克力可能会因长期阳光直射而产生黄变，故选择亚克力做窗台时，最好选择偏黄偏暖的色彩

木质窗台板

木材用作窗台板时，拼接的模板可以体现木头独特的质感，彰显自然的气息，给人的感觉较为温暖。但木质窗台板难以做造型，边角的封边较为困难，板材在长期的阳光照射下容易开裂变形

工艺解析

第一步：基层清理

将窗台基层的砂浆污物、浮灰等清理干净，以达到施工条件的要求，如表面有油污，应使用 10% 的火碱水刷净，并用清水及时将碱液冲去。

第二步：定位放线

根据设计要求的窗下框标高、位置，画窗台板的标高、位置线。

第三步：安装基层板

将多层板裁切成合适的尺寸，嵌入已完成施工的建筑窗与墙面粉刷层之间。

第四步：预埋窗台基层

基层预埋材料包括校准水平的木方和沙子。先在窗台上均匀摆放木方，间距保持在 400mm 以内；摆放好木方之后，再在表面填充沙子。沙子不可过干，否则会缺乏黏着力。

第五步：石材防护处理

石材表面充分干燥后，用石材防护剂进行石材背面及四边的切口的防护处理。石材正立面的防护剂的使用应根据设计要求。本工序须在无污染的环境下进行，将防护剂涂刷在石材表面上。

第六步：安装窗台板

根据设计图纸在多层板上方涂抹一定厚度的石材专用黏结剂，待黏结剂半干后，铺贴窗台板。安装窗台板应核对石材的规格，并根据石材的不同编号在不同的房间进行铺贴。安装时的标高、位置、出墙尺寸均需符合要求。

第七步：清理完成面

将石材窗台板表面、建筑窗以及墙面完成面因施工产生的污渍清洁干净，并做好成品保护。

这种只做透光通风用的小窗配有不变
色、硬度高且易擦洗的石英石窗台，
简单的搭配透出几分质朴可爱。

石材窗台板（1）实景效果图

▶▶ 石材窗台板（2）

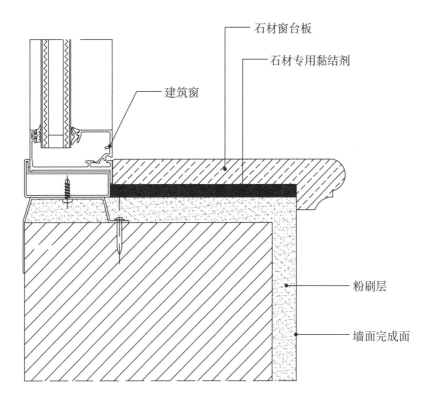

石材窗台板（2）节点图

石材窗台板

石材专用黏结剂

建筑窗

粉刷层

墙面完成面

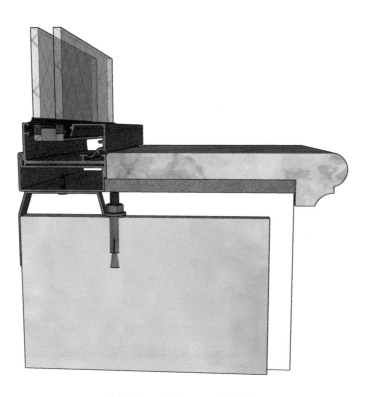

石材窗台板（2）三维示意图

扫 / 码 / 观 / 看
"石材窗台板（2）"三维
节点动图

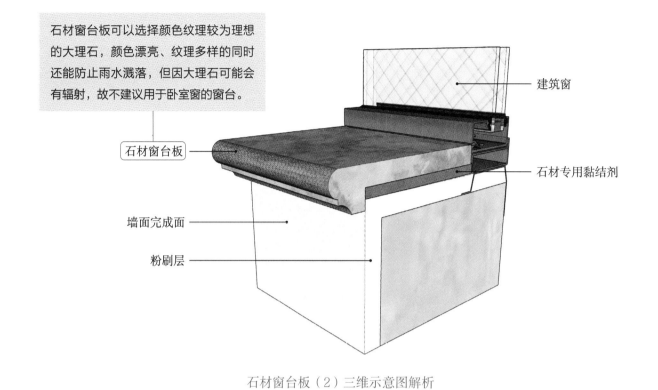

石材窗台板可以选择颜色纹理较为理想的大理石，颜色漂亮、纹理多样的同时还能防止雨水溅落，但因大理石可能会有辐射，故不建议用于卧室窗的窗台。

建筑窗

石材窗台板

石材专用黏结剂

墙面完成面

粉刷层

石材窗台板（2）三维示意图解析

工艺解析

直接在粉刷层上方涂刷石材专用黏结剂，再铺贴石材窗台板。

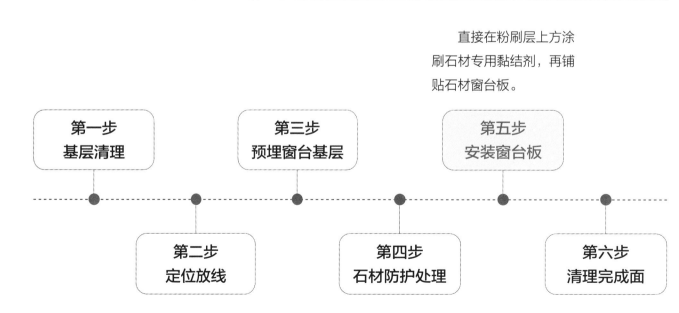

| 第一步 基层清理 | 第三步 预埋窗台基层 | 第五步 安装窗台板 |

| 第二步 定位放线 | 第四步 石材防护处理 | 第六步 清理完成面 |

石材窗台板上放置一些颜色鲜艳的花卉饰物，在点缀建筑的同时还可以增加生活的情趣，使人保持愉悦舒畅的心情。

石材窗台板（2）实景效果图

▶▶ **石材窗台板（3）**

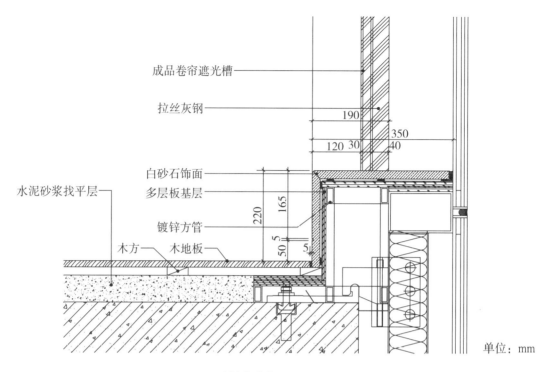

成品卷帘遮光槽

拉丝灰钢

白砂石饰面
多层板基层
镀锌方管

水泥砂浆找平层

木方　木地板

单位：mm

石材窗台板（3）节点图

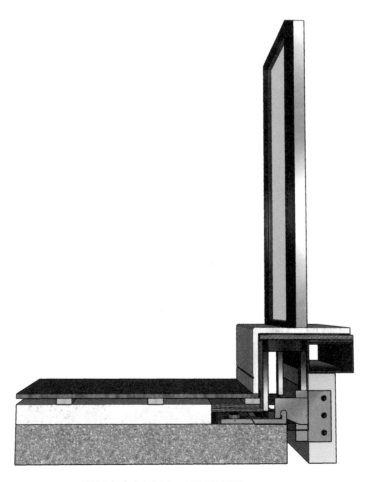

石材窗台板（3）三维示意图

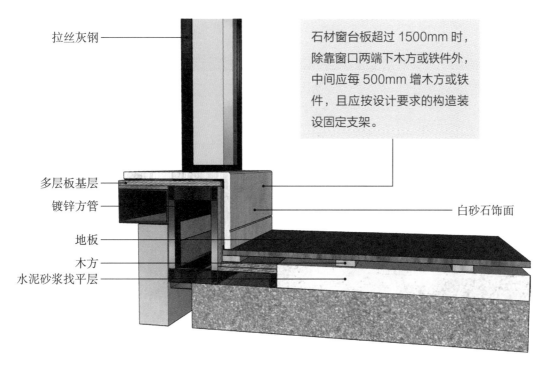

拉丝灰钢

石材窗台板超过 1500mm 时,
除靠窗口两端下木方或铁件外,
中间应每 500mm 增木方或铁
件,且应按设计要求的构造装
设固定支架。

多层板基层

镀锌方管

白砂石饰面

地板

木方

水泥砂浆找平层

石材窗台板(3)三维示意图解析

工艺解析

定位放线后,检查石材窗台板安装
位置的预埋件,是否符合设计与安装的
连接构造要求,如有误差应进行修正。

第一步 基层清理		第三步 检查预埋件		第五步 石材防护处理		第七步 清理完成面
	第二步 定位放线		第四步 安装支架		第六步 安装窗台板	

构造上设石材窗台板支架,安装前应
核对固定支架的预埋件,确认标高、位置
无误后,根据设计构造进行支架安装。

石材窗台配合灰浆饱满、砖缝规范美观
的清水墙，用作度假村或乡村的建筑外
饰面，清新质朴，让人赏心悦目。

石材窗台板（3）实景效果图

3

不同幕墙节点

　　幕墙是建筑物外围护墙的一种形式。幕墙一般不承重，形似挂幕，又称为悬挂幕，即悬吊于主体结构外侧的轻质围墙。幕墙具有装饰效果好、质量轻、安装速度快等优点，是外墙轻型化、装配化的较理想的形式。

　　幕墙在现代大型建筑和高层建筑上得到了广泛应用，它由骨架、板材、结构黏结及密封填缝材料、五金配件等组装而成。本章通过对幕墙面板的材料进行分类，将其分为了瓷板幕墙、玻璃幕墙、石材幕墙等五类幕墙。

3.1
瓷板幕墙

▶▶ **瓷板幕墙（全龙骨）**

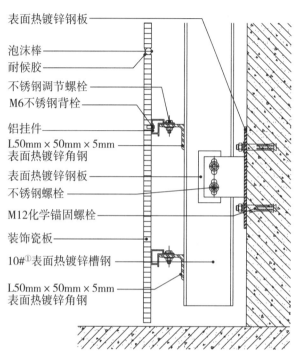

表面热镀锌钢板

泡沫棒

耐候胶

不锈钢调节螺栓

M6不锈钢背栓

铝挂件

L50mm×50mm×5mm
表面热镀锌角钢

表面热镀锌钢板

不锈钢螺栓

M12化学锚固螺栓

装饰瓷板

10#①表面热镀锌槽钢

L50mm×50mm×5mm
表面热镀锌角钢

瓷板幕墙（全龙骨）节点图

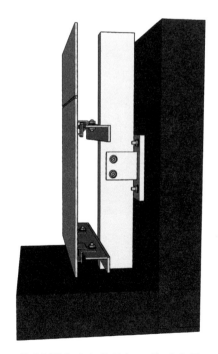

瓷板幕墙（全龙骨）三维示意图

扫 / 码 / 观 / 看
"瓷板幕墙（全龙骨）"
三维节点动图

注：①# 在建筑及室内图纸中表示了该构件的型号，10# 表面热镀锌槽钢代表了表面热镀锌的每米 10 公斤左右的槽钢。

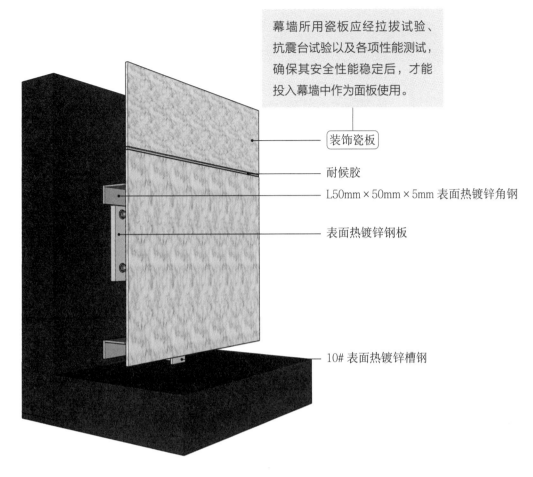

幕墙所用瓷板应经拉拔试验、抗震台试验以及各项性能测试，确保其安全性能稳定后，才能投入幕墙中作为面板使用。

装饰瓷板

耐候胶

L50mm×50mm×5mm 表面热镀锌角钢

表面热镀锌钢板

10# 表面热镀锌槽钢

瓷板幕墙（全龙骨）三维示意图解析

/ 常见幕墙类型 /

构件式幕墙

特点：构件式幕墙的面板材料单元组件所承受的荷载通过立柱（或横梁）传递给主体结构。其主体结构适应能力强，安装顺序基本不受主体结构影响。构件式幕墙施工手段灵活，工艺成熟，是各商业建筑中采用较多的幕墙结构形式

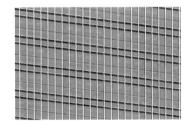

单元式幕墙

特点：单元式幕墙，以工厂化的组装生产、高标准化的技术、大量节约施工时间等综合优势，成为建筑幕墙领域最具普及价值和发展优势的幕墙形式，是符合当今世界潮流的高档建筑外维护系统。单元式幕墙安装速度优于构件式幕墙，广泛用于写字楼建筑中

点支式幕墙

特点：点支式幕墙支承结构形式多样，结构稳固美观，构件精巧实用，将金属结构与玻璃的通透性能融为一体，相比其他幕墙能更好地实现建筑内外空间和谐统一，可满足不同建筑师及工程业主对建筑结构与外立面效果的需求，常被用作有装饰要求的酒店大堂墙面

工艺解析

第一步：测量放线

根据施工图纸在测量基准点上用经纬仪、铅垂仪垂直测量出各楼层固定件的位置并做好标记。

第二步：安装龙骨

墙面用 M12 化学锚固螺栓固定表面热镀锌钢板，钢板与表面热镀锌角码焊接。120mm×60mm×4mm 表面热镀锌钢板与龙骨用不锈钢螺栓与角码固定。龙骨的安装精度和质量直接影响瓷板幕墙的安装质量，应将安装允许偏差控制在 2mm 以内。

第三步：安装连接件

L50mm×50mm×5mm 的表面热镀锌角钢与龙骨焊接，再用不锈钢调节螺丝将角钢与铝挂件反向连接。

第四步：安装幕墙瓷板

安装前根据幕墙瓷板施工排版图检查瓷板与图是否相符，同时对照加工图检查加工精度，将瓷板背面用 M6 不锈钢背栓固定的铝挂件与龙骨挂件用不锈钢调节螺丝连接，安装完成后检查调整瓷板的位置。

第五步：定位调平

幕墙瓷板安装过程中，按照"横平竖直"的要求用垂线垂直调平，垂缝偏差值不能超过每米 2mm，横缝用平水管调平，偏差值不能超过每米 2mm。

第六步：注胶清洁

安装完幕墙瓷板后，先在缝隙两边贴上分色纸，挤胶前先在缝隙内填泡沫棒。然后从上往下挤耐候胶，再用胶刮板刮平，使表面达到平滑，确保挤胶处清洁干净，并在规定时间内完成挤胶操作。挤胶后立即撕掉分色纸并对幕墙表面进行彻底打扫清洁。

经高温压制而成的瓷板结构致密，气孔率小，故瓷板幕墙具有远高于石材的耐候性及耐久性，可以用在各类大型商业建筑中。

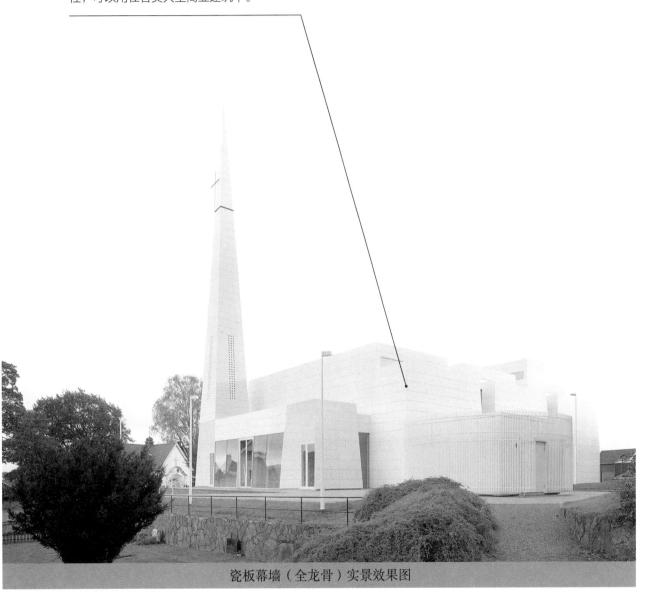

瓷板幕墙（全龙骨）实景效果图

▶▶ **瓷板幕墙（无龙骨）**

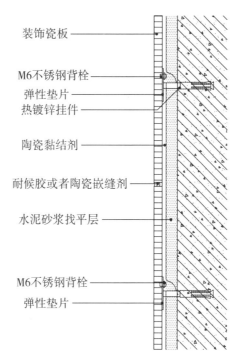

装饰瓷板

M6不锈钢背栓

弹性垫片

热镀锌挂件

陶瓷黏结剂

耐候胶或者陶瓷嵌缝剂

水泥砂浆找平层

M6不锈钢背栓

弹性垫片

瓷板幕墙（无龙骨）节点图

瓷板幕墙（无龙骨）三维示意图

扫／码／观／看
"瓷板幕墙（无龙骨）"
三维节点动图

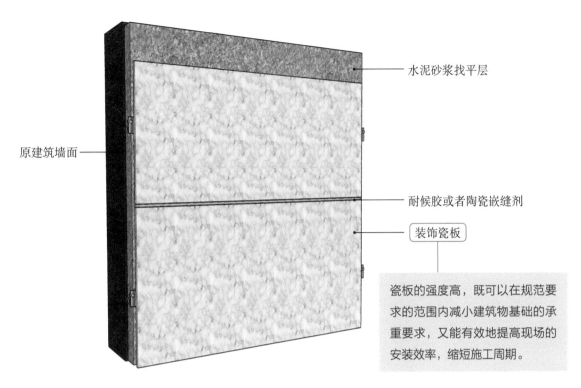

水泥砂浆找平层

原建筑墙面

耐候胶或者陶瓷嵌缝剂

装饰瓷板

瓷板的强度高，既可以在规范要求的范围内减小建筑物基础的承重要求，又能有效地提高现场的安装效率，缩短施工周期。

瓷板幕墙（无龙骨）三维示意图解析

工艺解析

放出连接件的安装位置线后，在墙面安装挂件位置打孔，打孔深度应略大于挂件直径。

采用 M6 不锈钢螺栓将弹性垫片与瓷板连接，在找平层上刷陶瓷黏结剂，使瓷板与挂件固定。

在瓷板间注耐候胶，或用陶瓷嵌缝剂进行嵌缝，清洁幕墙面。

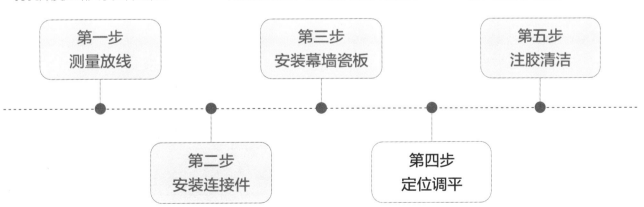

第一步
测量放线

第三步
安装幕墙瓷板

第五步
注胶清洁

第二步
安装连接件

第四步
定位调平

将热镀锌挂件嵌入墙面预留孔洞内，调整至正确位置后，用树脂锚固剂填充挂件与墙面的缝隙，用水泥砂浆在墙面找平。

瓷板幕墙良好的自洁性，使其在被用在建筑
外部的幕墙时，可以让墙面长时间保持美观
干净，节省了一定的清洁保养的成本。

瓷板幕墙（无龙骨）实景效果图

3.2
氟维特板幕墙

▶▶ **氟维特板幕墙（挂装）**

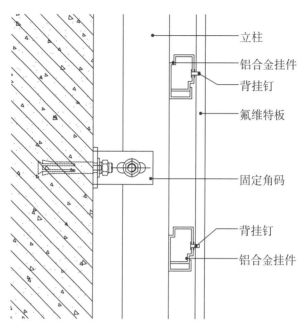

立柱

铝合金挂件

背挂钉

氟维特板

固定角码

背挂钉

铝合金挂件

氟维特板幕墙（挂装）节点图

氟维特板幕墙（挂装）三维示意图

扫 / 码 / 观 / 看
"氟维特板幕墙（挂装）"
三维节点动图

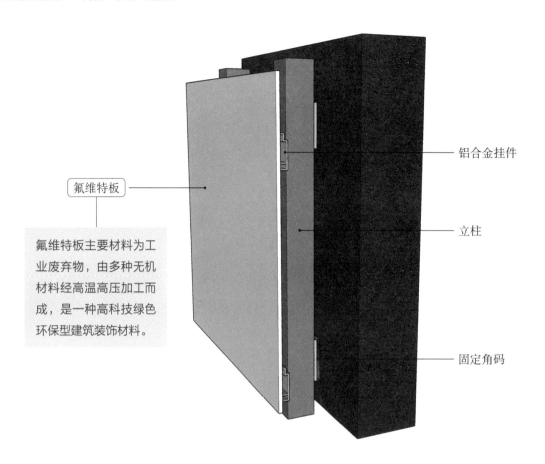

氟维特板

氟维特板主要材料为工业废弃物，由多种无机材料经高温高压加工而成，是一种高科技绿色环保型建筑装饰材料。

铝合金挂件

立柱

固定角码

氟维特板幕墙（挂装）三维示意图解析

工艺解析

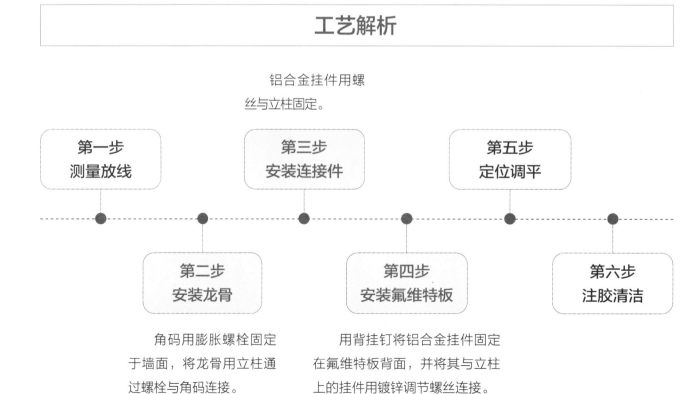

铝合金挂件用螺丝与立柱固定。

第一步
测量放线

第三步
安装连接件

第五步
定位调平

第二步
安装龙骨

第四步
安装氟维特板

第六步
注胶清洁

角码用膨胀螺栓固定于墙面，将龙骨用立柱通过螺栓与角码连接。

用背挂钉将铝合金挂件固定在氟维特板背面，并将其与立柱上的挂件用镀锌调节螺丝连接。

氟维特板可用在各类墙面，如外墙、内墙、隔墙等。它克服了墙面平整度及色差等问题，使其视觉效果更加美观。

氟维特板幕墙（挂装）实景效果图

▶▶ **氟维特板幕墙（湿贴）**

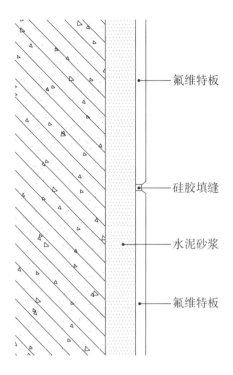

氟维特板

硅胶填缝

水泥砂浆

氟维特板

氟维特板幕墙（湿贴）节点图

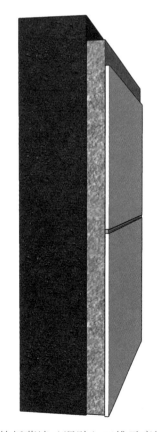

扫／码／观／看
"氟维特板幕墙（湿贴）"
三维节点动图

氟维特板幕墙（湿贴）三维示意图

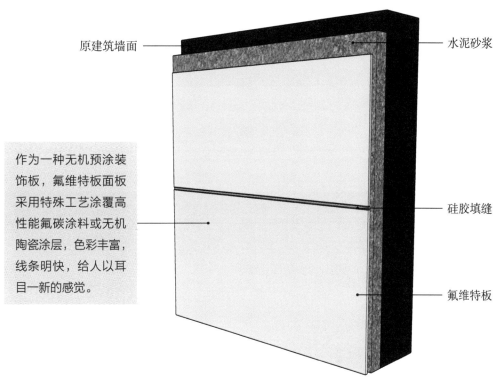

原建筑墙面

水泥砂浆

作为一种无机预涂装饰板，氟维特板面板采用特殊工艺涂覆高性能氟碳涂料或无机陶瓷涂层，色彩丰富，线条明快，给人以耳目一新的感觉。

硅胶填缝

氟维特板

氟维特板幕墙（湿贴）三维示意图解析

工艺解析

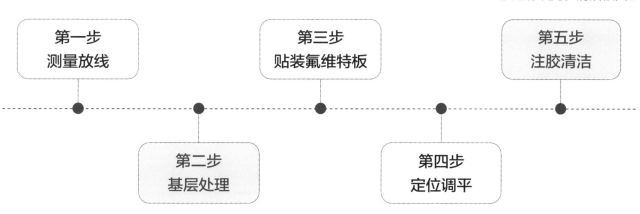

氟维特板间的缝隙用硅胶进行填充，清洁板面。

第一步
测量放线

第三步
贴装氟维特板

第五步
注胶清洁

第二步
基层处理

第四步
定位调平

墙面洒水，清除空鼓，在墙面滚刷界面剂清理浮灰，提高附着力，并刷水泥砂浆进行修补找平。

氟维特板的造价适中，又具有和铝板幕墙相当的高装饰效果，是一种极具性价比的幕墙。

氟维特板幕墙（湿贴）实景效果图

▶▶ **氟维特板幕墙（压条式安装）**

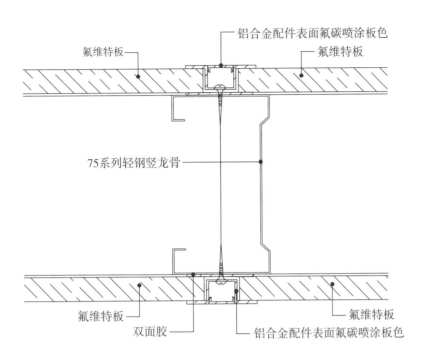

氟维特板幕墙（压条式安装）节点图

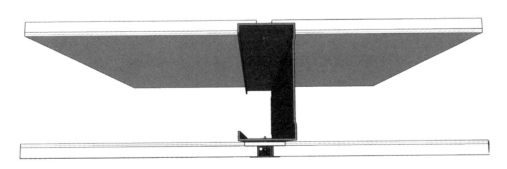

氟维特板幕墙（压条式安装）三维示意图

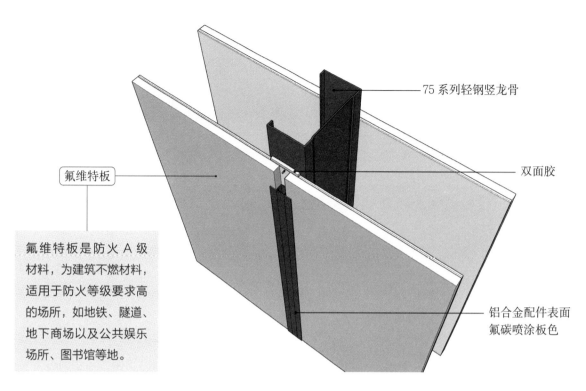

75 系列轻钢竖龙骨

氟维特板

双面胶

氟维特板是防火 A 级材料，为建筑不燃材料，适用于防火等级要求高的场所，如地铁、隧道、地下商场以及公共娱乐场所、图书馆等地。

铝合金配件表面氟碳喷涂板色

氟维特板幕墙（压条式安装）三维示意图解析

工艺解析

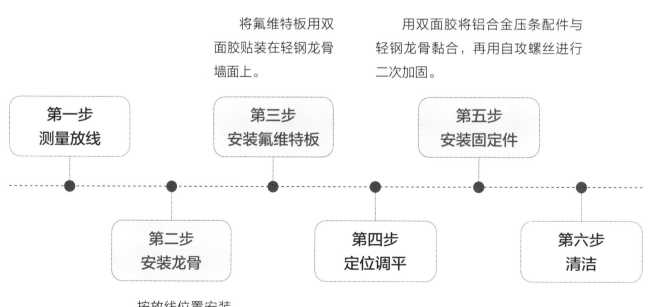

将氟维特板用双面胶贴装在轻钢龙骨墙面上。

用双面胶将铝合金压条配件与轻钢龙骨黏合，再用自攻螺丝进行二次加固。

| 第一步 测量放线 | 第三步 安装氟维特板 | 第五步 安装固定件 |

| 第二步 安装龙骨 | 第四步 定位调平 | 第六步 清洁 |

按放线位置安装 75 系列轻钢竖龙骨。

氟维特板喷涂白色涂料并做表面艺术性处理后，用作学术性建筑的幕墙时，可以给人以轻松开阔的感觉。

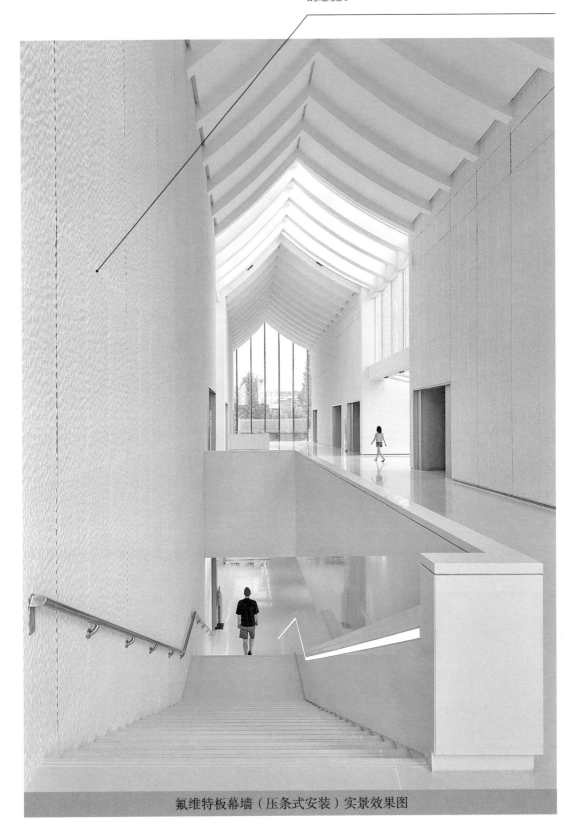

氟维特板幕墙（压条式安装）实景效果图

3.3
玻璃幕墙

▶▶ 玻璃幕墙（室外）

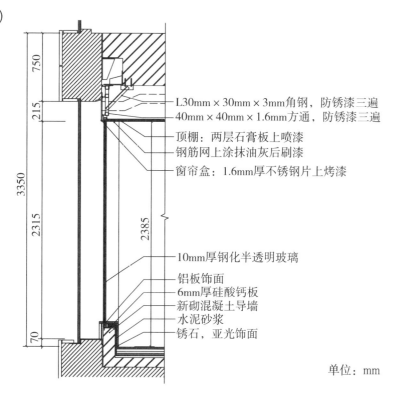

L30mm×30mm×3mm角钢，防锈漆三遍
40mm×40mm×1.6mm方通，防锈漆三遍
顶棚：两层石膏板上喷漆
钢筋网上涂抹油灰后刷漆
窗帘盒：1.6mm厚不锈钢片上烤漆

10mm厚钢化半透明玻璃
铝板饰面
6mm厚硅酸钙板
新砌混凝土导墙
水泥砂浆
锈石，亚光饰面

单位：mm

玻璃幕墙（室外）节点图

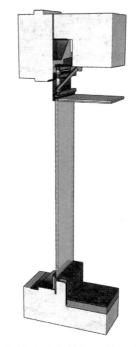

扫／码／观／看
"玻璃幕墙（室外）"三
维节点动图

玻璃幕墙（室外）三维示意图

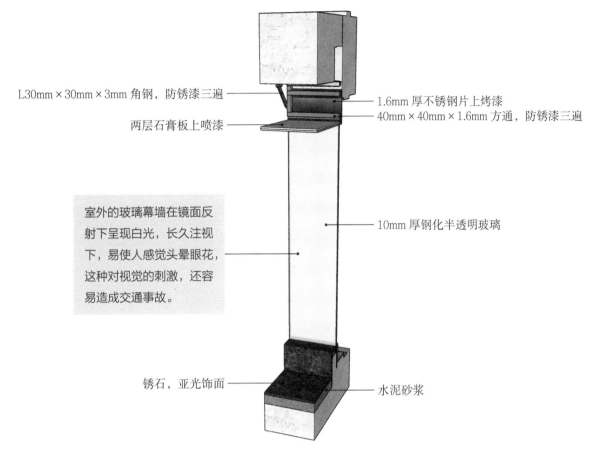

L30mm×30mm×3mm 角钢，防锈漆三遍

1.6mm 厚不锈钢片上烤漆

40mm×40mm×1.6mm 方通，防锈漆三遍

两层石膏板上喷漆

室外的玻璃幕墙在镜面反射下呈现白光，长久注视下，易使人感觉头晕眼花，这种对视觉的刺激，还容易造成交通事故。

10mm 厚钢化半透明玻璃

锈石，亚光饰面

水泥砂浆

玻璃幕墙（室外）三维示意图解析

/ 影响玻璃幕墙安全的主要因素及解决措施 /

影响因素：

玻璃幕墙的安全隐患主要来自玻璃的炸裂、脱落、对阳光的不合理反射等。玻璃的炸裂可能引起玻璃碎片的脱落而伤人，也可能玻璃整片脱落而伤人，玻璃对阳光的高反射率也是不安全因素之一。

解决措施：

① 合理选择玻璃面积，玻璃面积越大越容易炸裂，玻璃面积的确定可参照相关规范要求。

② 选用钢化玻璃或半钢化玻璃。钢化玻璃的强度是普通玻璃的 3~5 倍，可有效地抵御风雪荷载和外来物的冲击，但它存在自爆的问题。半钢化玻璃的强度为钢化玻璃的一半左右，但其不易发生自爆。

③ 当朝太阳面的幕墙选用吸热玻璃、热反向玻璃时，玻璃最好经过热处理，避免产生玻璃热裂。

④ 制作玻璃幕墙的玻璃在使用前，边部应进行处理，以消除玻璃边部的微裂纹。

⑤ 玻璃安装时按有关规范进行施工，不要在玻璃上留下装配应力，减少玻璃变形。

工艺解析

第一步：测量放线

根据设计图纸、玻璃规格大小和标高控制线，用水准仪、经纬仪和钢尺等测量用具，测设出幕墙底边、玻璃卡槽和玻璃安装固定的位置控制线。

第二步：安装预埋件

用膨胀螺栓将角钢固定在顶棚面的弹线位置。

第三步：安装钢架

按设计图的要求和组装次序，在地面上对钢架进行试拼装，按安装顺序编号并码放整齐。将预先焊接好的 40mm×40mm×1.6mm 方通通过 L30mm×30mm×3mm 的斜肋角钢与顶棚角钢焊牢。钢架所用部件均需刷防锈漆三遍。

第四步：安装固定槽

玻璃的底边及顶面应安装固定槽，通常固定槽选用槽型金属型材。安装时根据测设的标高、位置控制线，调整好固定槽的位置和标高。

第五步：安装玻璃

先在玻璃下端固定槽内垫好弹性垫块，垫块的厚度应大于 10mm，长度应大于 100mm，铺垫应不少于两处，然后用玻璃吸盘吸住玻璃吊装就位。玻璃就位后，将其放入固定槽内，然后调整玻璃的水平度和垂直度，将玻璃临时定位固定。

第六步：密封注胶

玻璃安装、调整完成并临时固定好之后，将所有应打胶的缝隙用专用清洗剂擦洗干净，干燥后在缝隙两边粘贴纸胶带，然后按设计要求用透明结构密封胶嵌注玻璃间的缝隙。等结构密封胶固化后，拆除玻璃的临时定位固定，再将所有胶缝用耐候密封胶进行嵌注。

第七步：淋水试验及清洗

所有嵌注的胶完全固化后，对幕墙易渗漏部位进行淋水试验，试验方法和要求应符合现行国家标准规定。淋水试验检查合格后，对整个幕墙的玻璃进行彻底擦洗清理。

玻璃幕墙从不同角度，能够呈现出不同的色彩，在天然光与灯光的作用下，呈现出动态的美感，常用于大城市里的商业建筑，如写字楼等。

玻璃幕墙（室外）实景效果图

▶▶ **玻璃幕墙（室内）**

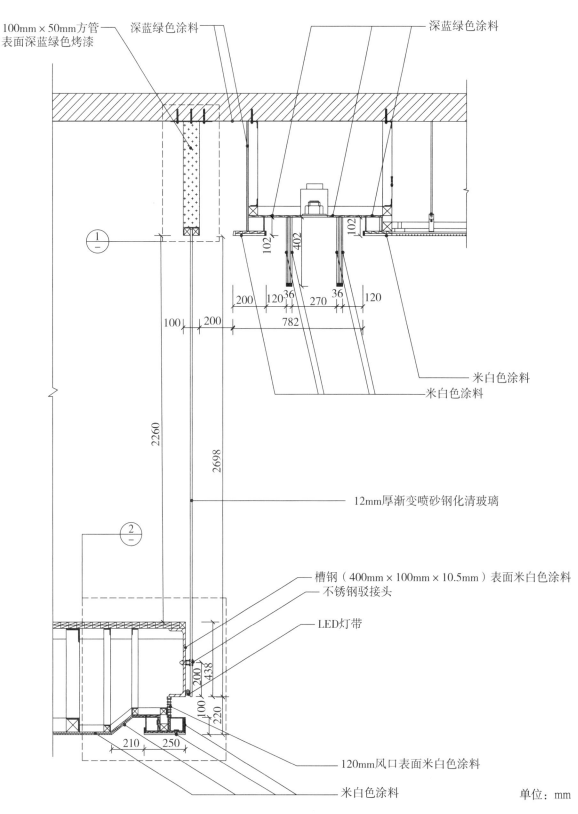

玻璃幕墙（室内）立面图

单位：mm

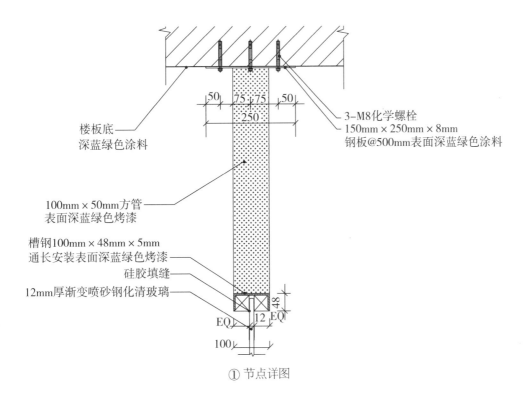

3-M8化学螺栓
150mm×250mm×8mm
钢板@500mm表面深蓝绿色涂料

楼板底
深蓝绿色涂料

100mm×50mm方管
表面深蓝绿色烤漆

槽钢100mm×48mm×5mm
通长安装表面深蓝绿色烤漆

硅胶填缝

12mm厚渐变喷砂钢化清玻璃

① 节点详图

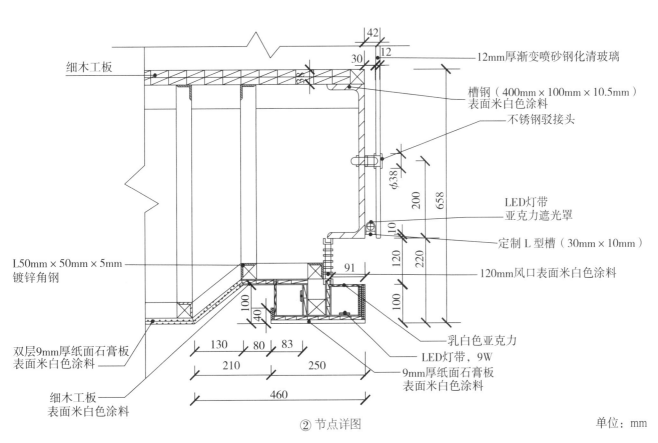

细木工板

12mm厚渐变喷砂钢化清玻璃

槽钢（400mm×100mm×10.5mm）
表面米白色涂料

不锈钢驳接头

LED灯带
亚克力遮光罩

定制L型槽（30mm×10mm）

120mm风口表面米白色涂料

L50mm×50mm×5mm
镀锌角钢

乳白色亚克力

LED灯带，9W

双层9mm厚纸面石膏板
表面米白色涂料

9mm厚纸面石膏板
表面米白色涂料

细木工板
表面米白色涂料

② 节点详图

单位：mm

玻璃幕墙（室内）节点图

扫 / 码 / 观 / 看
"玻璃幕墙（室内）"三
维节点动图

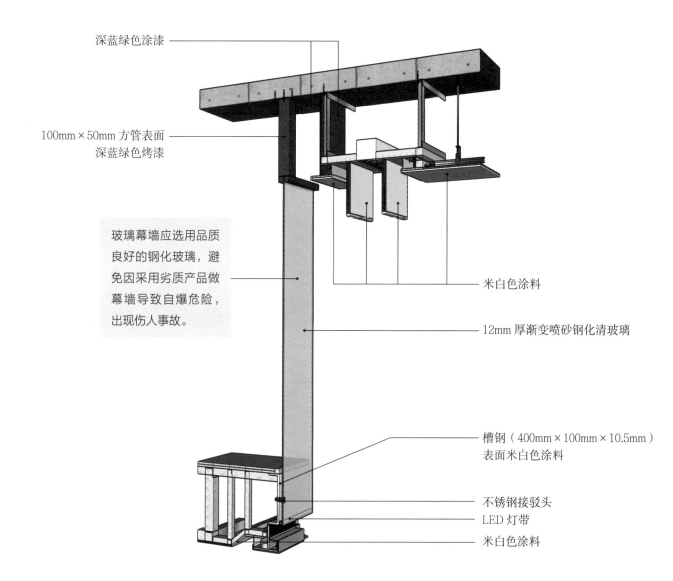

深蓝绿色涂漆

100mm×50mm 方管表面
深蓝绿色烤漆

玻璃幕墙应选用品质
良好的钢化玻璃，避
免因采用劣质产品做
幕墙导致自爆危险，
出现伤人事故。

米白色涂料

12mm 厚渐变喷砂钢化清玻璃

槽钢（400mm×100mm×10.5mm）
表面米白色涂料

不锈钢接驳头

LED 灯带

米白色涂料

玻璃幕墙（室内）三维示意图解析

工艺解析

100mm×50mm 方管与顶棚埋设的钢板焊接。楼板与方管表面均用深蓝绿色烤漆涂刷。

玻璃插入顶棚的固定槽内，确定好安装位置后，用硅胶填缝。在距底面 200mm 处用不锈钢驳接头将玻璃固定在地面槽钢上，底部玻璃与槽钢之间装设带亚克力遮光罩的 LED 灯带。

| 第一步 测量放线 | 第三步 安装钢架 | 第五步 安装玻璃 | 第七步 淋水试验及清洗 |

| 第二步 安装预埋件 | 第四步 安装固定槽 | 第六步 密封注胶 |

采用表面涂有深蓝绿色涂料的 150mm×250mm×8mm 的钢板。将钢板在施工范围内每隔 500mm 用 3 个 M8 的化学螺栓进行安装固定。

在顶面方管下方焊定 100mm×48mm×5mm 的槽钢固定槽，槽钢表面涂刷深蓝绿色烤漆。

室内的玻璃幕墙，在光线的反射作用下不会受到强光的照射，视觉上感受十分柔和，用在展览馆等艺术性建筑中时，可以提高室内整体的观赏性。

玻璃幕墙（室内）实景效果图

3.4
玻璃门厅幕墙

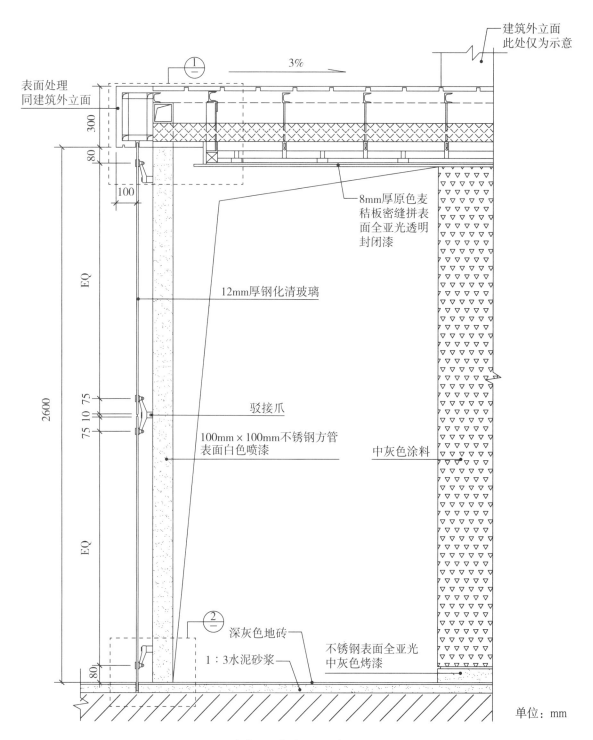

建筑外立面
此处仅为示意

3%

表面处理
同建筑外立面

300

80

100

①

8mm厚原色麦
秸板密缝拼表
面全亚光透明
封闭漆

EQ

12mm厚钢化清玻璃

75 10 75

驳接爪

100mm×100mm不锈钢方管
表面白色喷漆

中灰色涂料

2600

EQ

②

深灰色地砖

不锈钢表面全亚光
中灰色烤漆

80

1：3水泥砂浆

单位：mm

玻璃门厅幕墙立面示意图

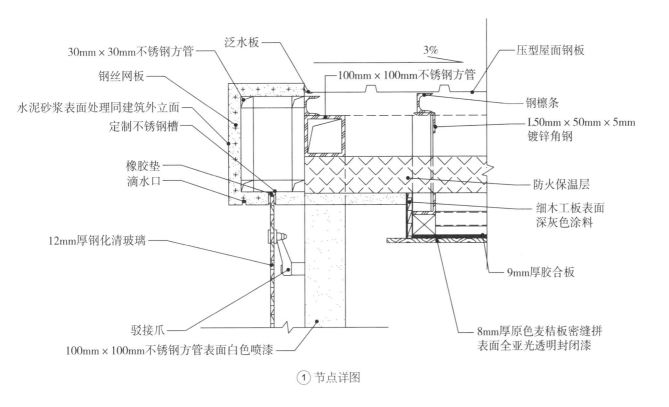

30mm×30mm不锈钢方管
泛水板
100mm×100mm不锈钢方管
3%
压型屋面钢板
钢丝网板
钢檩条
水泥砂浆表面处理同建筑外立面
L50mm×50mm×5mm
镀锌角钢
定制不锈钢槽
橡胶垫
防火保温层
滴水口
细木工板表面
深灰色涂料
12mm厚钢化清玻璃
9mm厚胶合板
驳接爪
8mm厚原色麦秸板密缝拼
表面全亚光透明封闭漆
100mm×100mm不锈钢方管表面白色喷漆

① 节点详图

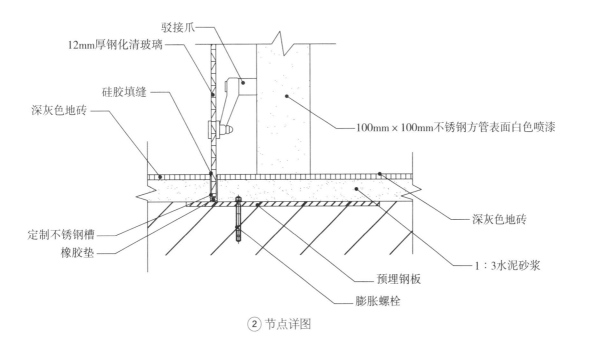

驳接爪
12mm厚钢化清玻璃
硅胶填缝
深灰色地砖
100mm×100mm不锈钢方管表面白色喷漆
定制不锈钢槽
深灰色地砖
橡胶垫
预埋钢板
1：3水泥砂浆
膨胀螺栓

② 节点详图

玻璃门厅幕墙节点图

扫 / 码 / 观 / 看
"玻璃门厅幕墙"三维节
点动图

方管钢架

吊件

8mm 厚原色麦秸板密缝
拼表面全亚光透明封闭漆

100mm × 100mm 不锈钢方管
表面白色喷漆

12mm 厚钢化清玻璃

驳接爪

中灰色涂料

玻璃门厅幕墙除不锈
钢外的金属材料和零
配件，表面应进行热
镀锌处理或采取其他
有效防腐措施。

1∶3 水泥砂浆

深灰色地砖

玻璃门厅幕墙三维示意图解析

工艺解析

在顶面方管钢架及地面装定
制不锈钢槽，并垫橡胶垫。

| 第一步
测量放线 | | 第三步
安装不锈钢槽 | | 第五步
密封注胶 |

| 第二步
安装钢架 | | 第四步
安装玻璃 | | 第六步
淋水试验及清洗 |

在顶棚边焊接 30mm × 30mm 不锈
钢方管钢架，外接钢丝网板并用水泥砂
浆做表面处理。门厅三面用 100mm ×
100mm 不锈钢方管做立柱，并在方管柱
顶、中、底部安装驳接爪。

将玻璃插入顶、
地面的不锈钢槽，与
顶、中、底部驳接爪
固定。玻璃与不锈钢
槽间用硅胶填缝。

玻璃门厅通过发挥玻璃本身透
明的特性，使建筑物内光线充
足，节能的同时，拓宽了门厅
内部的视野。

玻璃门厅幕墙实景效果图

3.5
石材幕墙

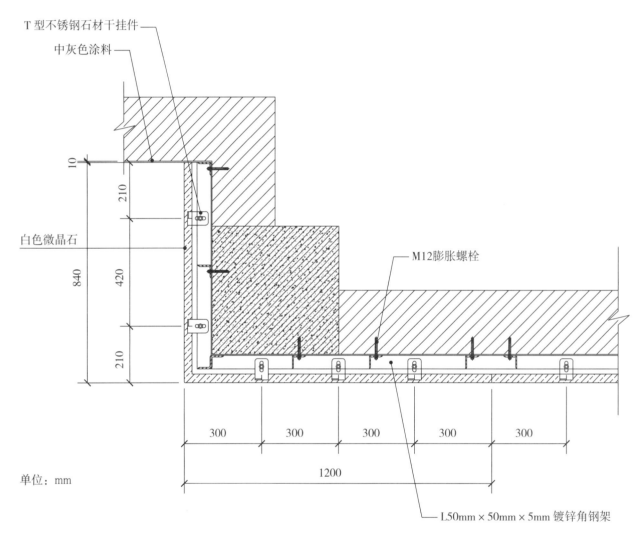

T型不锈钢石材干挂件

中灰色涂料

白色微晶石

M12膨胀螺栓

L50mm×50mm×5mm 镀锌角钢架

10

210

840

420

210

300 300 300 300 300

1200

单位：mm

石材幕墙节点图

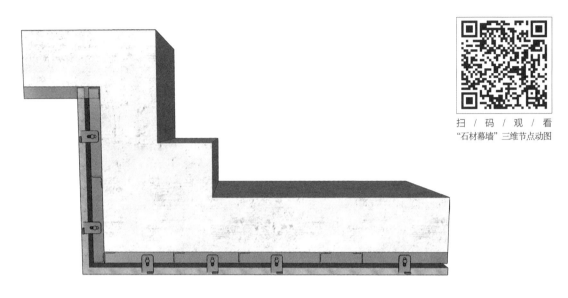

石材幕墙三维示意图

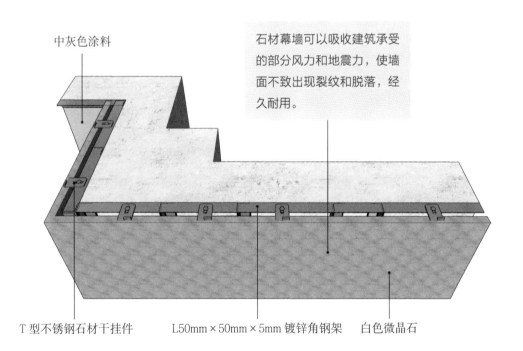

中灰色涂料

石材幕墙可以吸收建筑承受的部分风力和地震力，使墙面不致出现裂纹和脱落，经久耐用。

T 型不锈钢石材干挂件   L50mm×50mm×5mm 镀锌角钢架   白色微晶石

石材幕墙三维示意图解析

工艺解析

T 型不锈钢石材干挂件用螺栓按
一定间距固定在镀锌角钢架上。

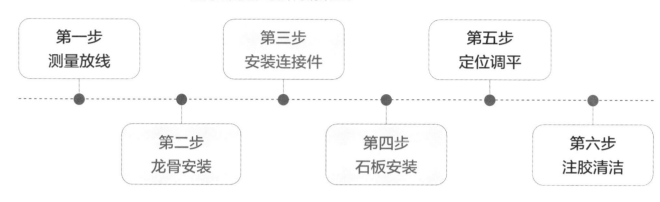

第一步 测量放线	第三步 安装连接件	第五步 定位调平
第二步 龙骨安装	第四步 石板安装	第六步 注胶清洁

L50mm×50mm×5mm
的镀锌角钢架用 M12 膨胀螺
栓固定在建筑墙面。

白色微晶石做好大小的裁切
及倒角处理，与不锈钢挂件连接。

品质良好的石材纹路中所特有的厚重与历史感，以及其坚固持
久的特性，使石材幕墙经常被用于各类国家性质的大型建筑。

石材幕墙实景效果图

4

玻璃幕墙与其他材料
交接处节点

玻璃幕墙是一种美观新颖的建筑墙体装饰方式，广泛运用于高层建筑中。现今玻璃幕墙多使用铝合金龙骨与玻璃面层等材料制成，具有良好的视觉效果，且因为玻璃的透光性，大大降低了白天室内人工照明的强度，节省了一定的能源。

玻璃幕墙与普通墙体有较大不同，它需要跨越楼层，使整个建筑物外观连成整体，但它也和普通墙体一样需要和顶棚、地面以及其他材料交接。本章列举了七类玻璃幕墙与其他材料的交接面，对常见的玻璃幕墙相交节点进行了解说。

4.1
玻璃幕墙与纸面石膏板顶棚交接

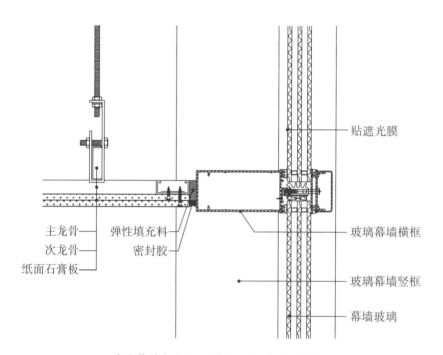

贴遮光膜

主龙骨 — 弹性填充料
次龙骨 — 密封胶
纸面石膏板

玻璃幕墙横框

玻璃幕墙竖框

幕墙玻璃

玻璃幕墙与纸面石膏板顶棚交接节点图

扫 / 码 / 观 / 看
"玻璃幕墙与纸面石膏板
顶棚交接"三维节点动图

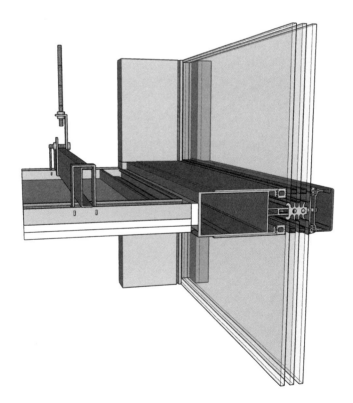

玻璃幕墙与纸面石膏板顶棚交接三维示意图

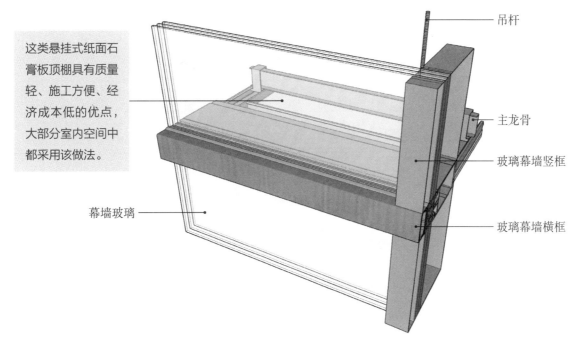

这类悬挂式纸面石膏板顶棚具有质量轻、施工方便、经济成本低的优点，大部分室内空间中都采用该做法。

吊杆

主龙骨

玻璃幕墙竖框

玻璃幕墙横框

幕墙玻璃

玻璃幕墙与纸面石膏板顶棚交接三维示意图解析

/ 常见纸面石膏板类型 /

平面纸面石膏板

特点：适合用于各种风格的室内环境中，多被用于干燥空间的顶棚、隔墙及墙面造型的制作

浮雕纸面石膏板

特点：浮雕的样式，更加适用于欧式或中式风格的室内环境中

防水纸面石膏板

特点：适用于各种风格的室内环境中，防水的特性使其更加适合用在厨房及卫浴间等潮湿环境中做顶棚或隔墙

穿孔纸面石膏板

特点：适用于各种风格的室内环境中，主要用作干燥环境中的顶棚材料

工艺解析

第一步：定位弹线

在顶棚和四周墙面进行弹线，要求弹线清晰、准确，误差应不大于 2mm。

第二步：安装吊杆

吊杆必须使用 8mm 膨胀螺栓固定，用量约为每隔 $1m^2$ 一个。膨胀螺栓应尽量打在预制板板缝内，膨胀螺栓螺母应与木龙骨压紧。

第三步：安装龙骨卡件

使用膨胀螺栓将龙骨卡件与建筑楼板相固定。

第四步：安装龙骨

同时在划分好的主、次龙骨的顶棚标高线上划分龙骨分档线。为了保证整个骨架的稳定性，用自攻螺丝将龙骨与龙骨卡件进行固定。

第五步：安装石膏板

将石膏板弹线分块，从吊顶的阴角处开始安装，将石膏板固定在两侧的墙体中，将磷化处理后的自攻螺丝固定在龙骨骨架上，之后依次排列并安装石膏板进行封板。

第六步：检查顶棚的水平度

检查吊顶整面的水平度是否符合要求。拉通线检查不超过 3mm，两米的靠尺检查不超过 2mm，板缝接口处的高低差不超过 1mm。

第七步：收口处理

顶棚与幕墙骨架交接处用弹性填充料进行填充后，再用密封胶进行密封。

顶棚构造位于幕墙玻璃视线所及范围之内，如
透过幕墙玻璃能看见顶棚的内部构造，则需要
做遮挡处理，以保证建筑装饰的美观性。

玻璃幕墙与纸面石膏板顶棚交接实景效果图

4.2
玻璃幕墙与窗帘盒交接

▶▶ 玻璃幕墙与窗帘盒交接（1）

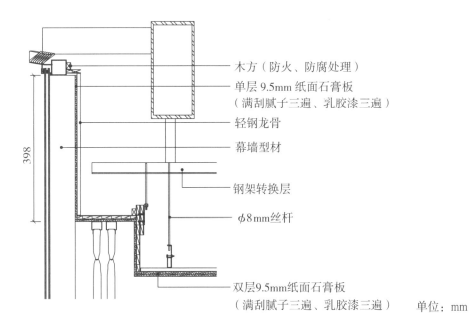

木方（防火、防腐处理）

单层9.5mm纸面石膏板
（满刮腻子三遍、乳胶漆三遍）

轻钢龙骨

幕墙型材

钢架转换层

φ8mm丝杆

双层9.5mm纸面石膏板
（满刮腻子三遍、乳胶漆三遍）　　单位：mm

玻璃幕墙与窗帘盒交接（1）节点图

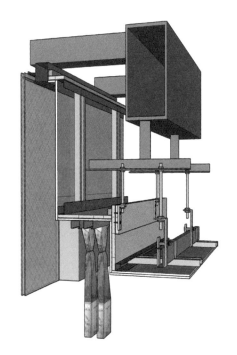

玻璃幕墙与窗帘盒交接（1）三维示意图

扫 / 码 / 观 / 看
"玻璃幕墙与窗帘盒交接
（1）"三维节点动图

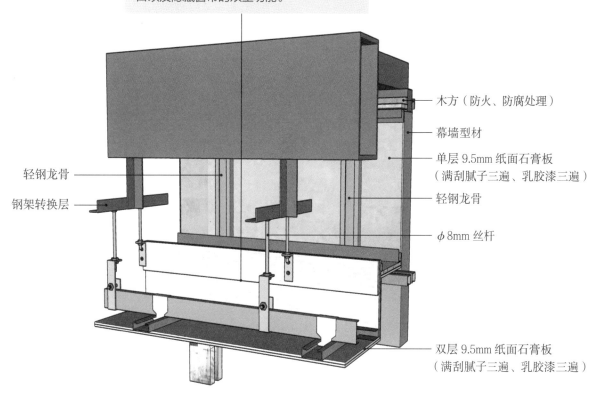

这类与吊顶错层设计的窗帘盒称作暗装式窗帘盒。暗装式窗帘盒具有与吊顶衔接收口以及隐藏窗帘的双重功能。

木方（防火、防腐处理）

幕墙型材

单层 9.5mm 纸面石膏板
（满刮腻子三遍、乳胶漆三遍）

轻钢龙骨

ϕ 8mm 丝杆

轻钢龙骨

钢架转换层

双层 9.5mm 纸面石膏板
（满刮腻子三遍、乳胶漆三遍）

玻璃幕墙与窗帘盒交接（1）三维示意图解析

/ 智能窗帘控制器 /

　　智能窗帘控制器可实现对窗帘的电动控制，控制器上有"开""关"两个按钮和一个指示灯。同时，智能窗帘控制器可实现远程控制，利用智能手机等设备远端控制窗帘的开合，它的特点如下：

① 体积小、安装方便，可直接安装在 86 暗盒上。

② 可实现双重控制，能隔墙实施无线控制或使用面板上的触摸开关手动控制。

③ 当停电后再来电时，窗帘仍保持停电前的状态。

④ 具备校准功能，适合不同宽度（小于 12m）的窗帘。

工艺解析

第一步：定位弹线

吊顶的高度与灯具厚度、空调安装形式以及梁柱大小有关，在计算高度时应预留设备安装和维修的空间。再根据吊顶的预留高度，围绕墙体一圈弹基准线。

第二步：安装吊杆

用 M8 膨胀螺栓固定直径为 8mm 的吊杆，在弹好顶棚标高水平线或龙骨分档线后，确定好吊杆下头的标高，吊杆不要和专业的管道接触。龙骨吊杆与钢架转换层焊接固定，连接处满焊，刷防锈漆三遍。

第三步：安装龙骨

采用 D50 的主、次龙骨，主龙骨间距 900mm 安装，次龙骨间距 300mm 安装。

第四步：固定细木工板

将 18mm 厚细木工板涂刷防火涂料三遍，然后用 35mm 的自攻螺丝将其与吸顶吊件相固定。

第五步：封板

在窗帘盒部位的顶部先封一层 12mm 厚的阻燃板，再封一层 9.5mm 厚纸面石膏板。在其余的顶棚部位则采用双层的 9.5mm 厚纸面石膏板，将其用自攻螺丝与龙骨固定。

第六步：收口处理

纸面石膏板与幕墙型材交接处用收边条与胶条做好收口处理。

暗装式窗帘盒是设计时最常用的一种窗帘盒的形式，无论是用在酒店还是居室内，暗装式窗帘盒与吊顶的衔接可以实现自然过渡，显得整个空间完整大方。

玻璃幕墙与窗帘盒交接（1）实景效果图

▶▶ **玻璃幕墙与窗帘盒交接（2）**

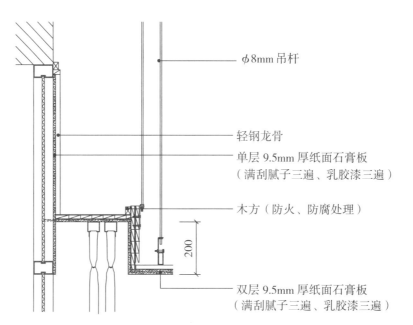

φ8mm 吊杆

轻钢龙骨

单层 9.5mm 厚纸面石膏板
（满刮腻子三遍、乳胶漆三遍）

木方（防火、防腐处理）

双层 9.5mm 厚纸面石膏板
（满刮腻子三遍、乳胶漆三遍）

200

单位：mm

玻璃幕墙与窗帘盒交接（2）节点图

扫 / 码 / 观 / 看
"玻璃幕墙与窗帘盒交接
（2）"三维节点动图

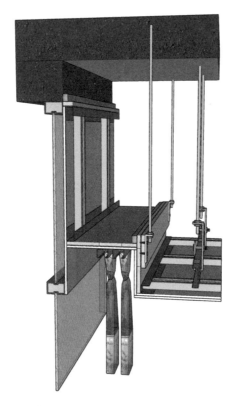

玻璃幕墙与窗帘盒交接（2）三维示意图

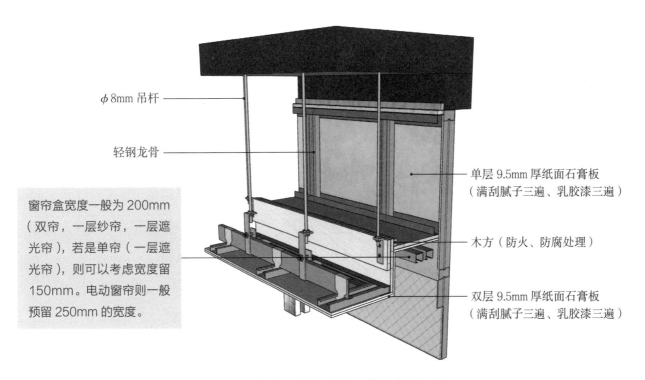

φ8mm 吊杆

轻钢龙骨

单层 9.5mm 厚纸面石膏板
（满刮腻子三遍、乳胶漆三遍）

窗帘盒宽度一般为 200mm
（双帘，一层纱帘，一层遮
光帘），若是单帘（一层遮
光帘），则可以考虑宽度留
150mm。电动窗帘则一般
预留 250mm 的宽度。

木方（防火、防腐处理）

双层 9.5mm 厚纸面石膏板
（满刮腻子三遍、乳胶漆三遍）

玻璃幕墙与窗帘盒交接（2）三维示意图解析

工艺解析

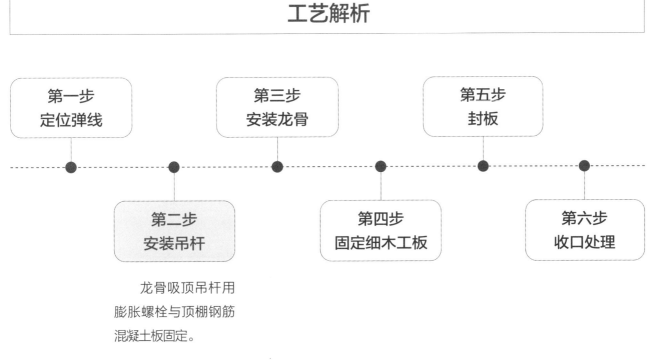

第一步
定位弹线

第三步
安装龙骨

第五步
封板

第二步
安装吊杆

第四步
固定细木工板

第六步
收口处理

龙骨吸顶吊杆用
膨胀螺栓与顶棚钢筋
混凝土板固定。

窗帘盒安装在玻璃幕墙边，可以在阳
光刺眼时遮挡光线，避免眩光，柔和
室内光线。

玻璃幕墙与窗帘盒交接（2）实景效果图

4.3
玻璃幕墙与石材地面交接

▶▶ **玻璃幕墙与石材地面交接（1）**

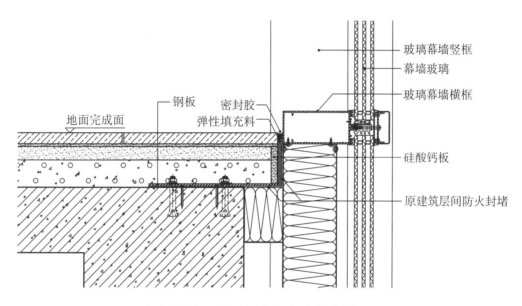

地面完成面　钢板　密封胶　弹性填充料

玻璃幕墙竖框
幕墙玻璃
玻璃幕墙横框
硅酸钙板
原建筑层间防火封堵

玻璃幕墙与石材地面交接（1）节点图

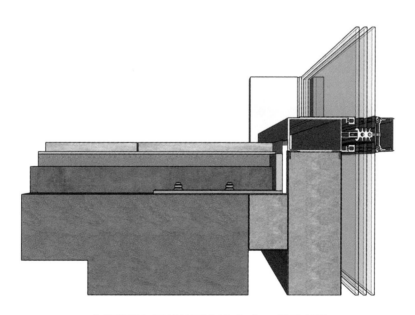

玻璃幕墙与石材地面交接（1）三维示意图

扫 / 码 / 观 / 看
"玻璃幕墙与石材地面交
接（1）"三维节点动图

127

石材品种众多，有上万个花色品种，因其多变的纹理和经久耐磨等特点，广泛地运用在建筑设计之中。

石材

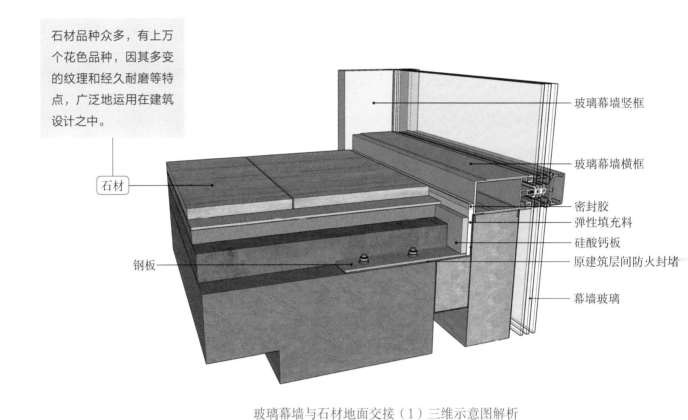

玻璃幕墙竖框

玻璃幕墙横框

密封胶

弹性填充料

硅酸钙板

原建筑层间防火封堵

幕墙玻璃

钢板

玻璃幕墙与石材地面交接（1）三维示意图解析

/ 常见的地面石材 /

天然大理石

优点：纹理丰富、可塑性强

缺点：易风化、质地软、不耐污

天然文化石

优点：质地坚硬、色泽鲜明、抗压、耐磨、耐火、耐腐蚀

缺点：价格高、施工较困难

粗面花岗岩

优点：抗压、耐久性高、抗冻、耐酸、耐腐蚀、不易风化

缺点：长度上有局限性，大型地面铺装会有接缝，容易藏污纳垢

人造石材

优点：耐久、抗风化、价格低、抗压、重量轻

缺点：纹理缺乏自然感

工艺解析

第一步：排版放线

根据施工图纸中标识的铺贴方向对地面进行排版放线，合理地规避地漏等设备，同时可以根据排版对石材进行编号。

第二步：刷界面剂

在原建筑钢筋混凝土楼板上方用膨胀螺栓预埋钢板，并刷界面剂一道，增强轻集料混凝土垫层和楼板的黏结性。

第三步：做垫层

使用 CL7.5 轻集料混凝土（即强度为 7.5 的结构保温轻骨料混凝土）做垫层。

第四步：水泥砂浆找平

将水泥和沙按照 1：3 比例进行配比，用其合成的水泥砂浆做 30mm 厚的面层，用来做地面的找平。

第五步：涂素水泥膏

用 10mm 厚的素水泥膏做黏结，均匀地批涂在石材背面，可以将石材和找平层更好地黏结在一起。

第六步：试铺

将石材按照排版放线的编号进行试铺，确认每个位置石材的编号。

第七步：铺贴石材

按照试铺所确认好的石材编号进行铺贴，铺贴时，必须要用橡皮锤轻轻敲击，手法是从中间到四边，再从四边到中间反复数次，使地砖与砂浆黏结紧密，并要随时调整平整度和缝隙。

第八步：收口处理

地面与幕墙骨架交接处用弹性填充料进行填充后，再用密封胶进行密封。

具有天然石材纹理的大理石与玻璃幕墙相结合，可以塑造出高雅奢华的装饰效果。

玻璃幕墙与石材地面交接（1）实景效果图

►► **玻璃幕墙与石材地面交接（2）**

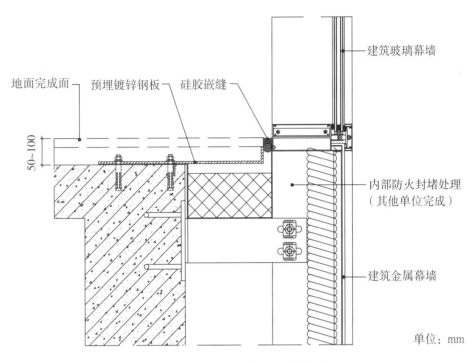

地面完成面　预埋镀锌钢板　硅胶嵌缝

建筑玻璃幕墙

50~100

内部防火封堵处理
（其他单位完成）

建筑金属幕墙

单位：mm

玻璃幕墙与石材地面交接（2）节点图

玻璃幕墙与石材地面交接（2）三维示意图

扫 / 码 / 观 / 看
"玻璃幕墙与石材地面交
接（2）"三维节点动图

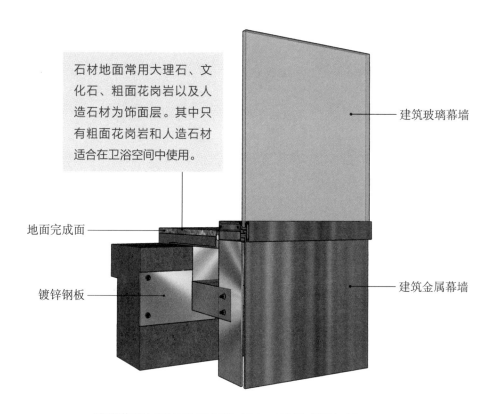

石材地面常用大理石、文化石、粗面花岗岩以及人造石材为饰面层。其中只有粗面花岗岩和人造石材适合在卫浴空间中使用。

建筑玻璃幕墙

地面完成面

建筑金属幕墙

镀锌钢板

玻璃幕墙与石材地面交接（2）三维示意图解析

工艺解析

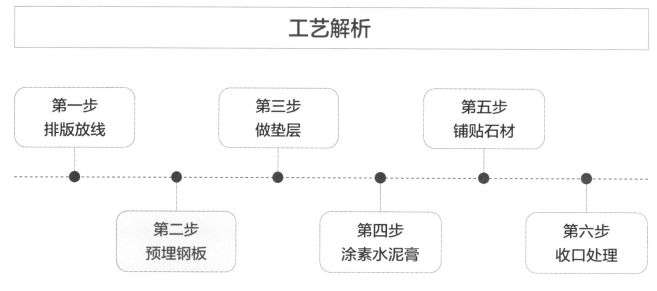

第一步
排版放线

第三步
做垫层

第五步
铺贴石材

第二步
预埋钢板

第四步
涂素水泥膏

第六步
收口处理

　　将镀锌钢板用膨胀螺栓固定在原建筑楼板与墙体上，楼板上的钢板根据施工图纸伸出一定距离，墙面楼板与角钢连接件焊接。

采光好的玻璃幕墙与明暗对比的拼花石材地面
相结合，能使空间显得更加宽敞。

玻璃幕墙与石材地面交接（2）实景效果图

4.4
玻璃幕墙与实木地板地面交接

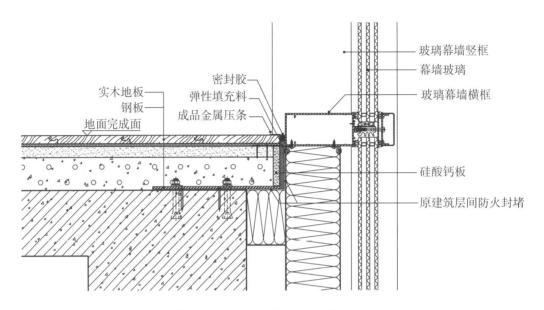

玻璃幕墙与实木地板地面交接节点图

实木地板
钢板
地面完成面

密封胶
弹性填充料
成品金属压条

玻璃幕墙竖框
幕墙玻璃
玻璃幕墙横框

硅酸钙板
原建筑层间防火封堵

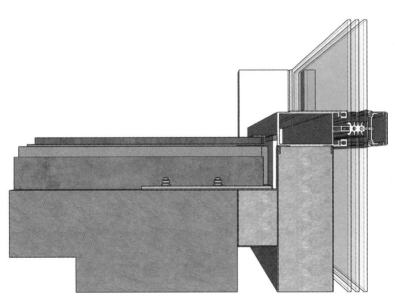

玻璃幕墙与实木地板地面交接三维示意图

实木地板又名原木地板，是天然木材经烘干、加工后制成的地面装饰建材。它具有木材自然生长的纹理，色泽天然，给人柔和、亲切的感觉，是地面饰面材料中的高档品。

实木地板

玻璃幕墙竖框

幕墙玻璃

成品金属压条

玻璃幕墙横框

密封胶

硅酸钙板

弹性填充料

钢板

玻璃幕墙与实木地板地面交接三维示意图解析

/ 常见的木地板类型 /

实木地板	实木复合地板	竹地板	软木地板
优点：隔音隔热、调节湿度、绿色环保、经久耐用	**优点**：易打理，易清理，质量稳定，不容易损坏，实惠，安装简单	**优点**：牢固稳定，不开胶，不变形，具有超强的防虫蛀功能，阻燃、耐磨	**优点**：更具环保性、隔音性，防潮效果也会更好些，带给人极佳的脚感
缺点：难保养、价格高	**缺点**：耐磨性不如复合地板，结构复杂，内在质量不易鉴别	**缺点**：收缩和膨胀小，若长期处于潮湿环境，容易发霉，影响使用寿命	**缺点**：耐磨、抗压性不够，容易积灰，清洁麻烦

工艺解析

第一步：基层处理

先将基层清扫干净，并用水泥砂浆找平。弹线要求清晰、准确，不能有遗漏，同一水平要交圈。基层应干燥且做防腐处理（铺沥青油毡或防潮粉）。

第二步：涂刷界面剂

在建筑楼板面预埋钢板，钢板的位置、数量、牢固性要达到设计标准，并刷一道界面剂。

第三步：细石混凝土做找平

地面的水平误差不能超过 2mm，超过则需要找平。如果地面不平整，不仅会导致整体地板不平整，还会有异响，严重影响地板质量。

第四步：铺设防潮膜

撒防虫粉、铺防潮膜。防虫粉主要起到防止地板起蛀虫的作用。防虫粉不需要满撒地面，可呈 U 形铺撒。防潮膜主要起到防止地板发霉变形的作用。防潮膜要满铺于地面，在重要的部分，甚至可铺设两层防潮膜。

第五步：铺设木地板

从边角处开始铺设，先顺着地板的竖向铺设，再并列横向铺设。铺设地板时不能太过用力，否则拼接处会凸起来。

第六步：收口处理

用成品金属压条遮盖地板与金属幕墙骨架衔接处的收口，并用弹性填充料填充接缝后，再用密封胶进行密封。

实木地板虽然昂贵，但其吸音隔音的优势弥补了玻璃幕墙的不足，被广泛地应用在了具有采光和隔音要求的建筑，如有观景需求的酒店大堂等。

玻璃幕墙与实木地板地面交接实景效果图

4.5
玻璃幕墙与地毯地面交接

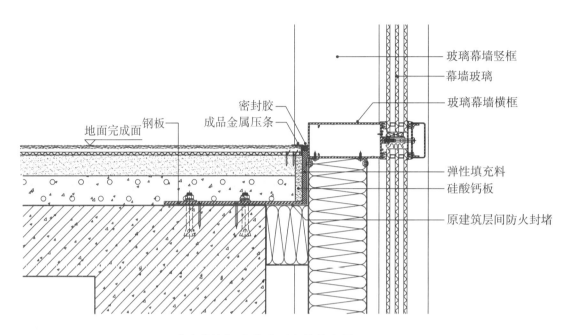

玻璃幕墙竖框
幕墙玻璃
玻璃幕墙横框
密封胶
成品金属压条
地面完成面　钢板
弹性填充料
硅酸钙板
原建筑层间防火封堵

玻璃幕墙与地毯地面交接节点图

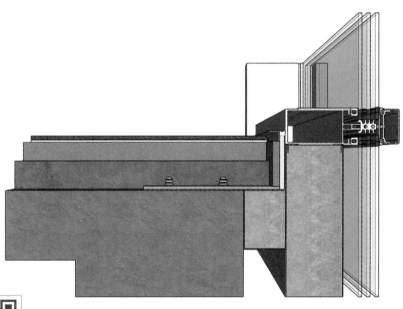

玻璃幕墙与地毯地面交接三维示意图

扫 / 码 / 观 / 看
"玻璃幕墙与地毯地面交
接"三维节点动图

这类在整个地面上进行大面积施工的地毯称作满铺地毯，满铺地毯造价低，但因其是固定在地面的，不能移位，所以在铺贴时需对应施工图纸，仔细施工。

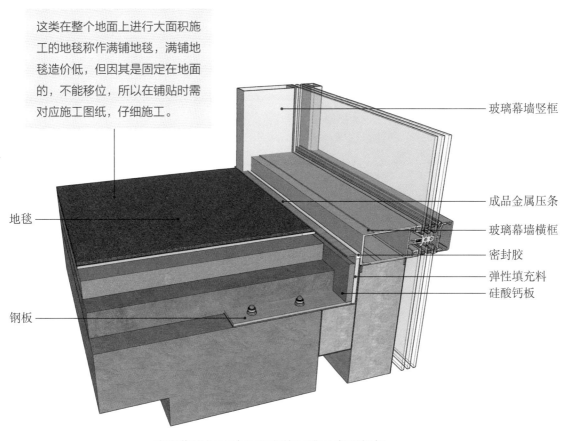

玻璃幕墙竖框

地毯

成品金属压条
玻璃幕墙横框
密封胶
弹性填充料
硅酸钙板

钢板

玻璃幕墙与地毯地面交接三维示意图解析

/ 常见地毯分类 /

羊毛地毯

特点：导电性能好，不产生静电，抗污染，易清洗，弹性好，阻燃性能最佳，吸湿性能好，导致洗后不易干燥

尼龙地毯

特点：又称聚酰胺纤维地毯，刚性好，易染色，弹性也好

涤纶和腈纶地毯

特点：涤纶是化学纤维中阻燃效果最好的，但染色时对温度要求极高。腈纶染色方便，色泽鲜艳，但刚性不好，弹性差，不作为地毯原料单独使用

丙纶纤维地毯

特点：刚性好，回弹性能好，但不抗老化，日晒牢度差，阻燃性能差

工艺解析

第一步：基层处理

先将基层清扫干净，并用水泥砂浆找平。弹线要求清晰、准确，不能有遗漏，同一水平要交圈。基层应干燥且做防腐处理（铺沥青油毡或防潮粉）。预埋件的位置、数量、牢固性要达到设计标准。

第二步：实量放线

在铺装之前必须进行实量，准确记录各个数据，根据计算的下料尺寸在地毯背面弹线。

第三步：裁切地毯

地毯的裁割应按照每个房间实际尺寸，计算地毯的裁割尺寸，在地毯背面弹线、编号。地毯的经线方向应与房间长向一致，地毯的每边长度应比实际尺寸长出 2cm 左右。按照地毯背面的弹线用手推裁刀从背面裁切，将裁切好的地毯卷边上号，存放在相应的位置。

第四步：涂刷界面剂

预埋钢板，砌一定厚度的细石混凝土垫层，并在垫层上涂刷一层界面剂，增加垫层和找平层的黏性。

第五步：细石混凝土做找平层

第六步：钉倒刺条

沿房间墙边或走道四周的踢脚板边缘，用高强水泥钉将倒刺条固定在基层上，水泥钉长度一般为 4cm~5cm，相邻两个钉子的距离控制在 300mm~400mm。

第七步：铺弹性垫层

垫层应按照倒刺板的净距离下料，避免铺设后垫层皱褶，覆盖倒刺板或远离倒刺板。设置垫层拼缝时应考虑到与地毯拼缝至少错开150mm。衬垫用点粘法刷聚醋酸乙烯乳胶，粘贴在地面上。

第八步：铺贴块毯

将裁好的地毯虚铺在衬垫上，卷起地毯，在拼缝处进行黏结，用塑料胶纸贴于缝合处保护接缝处。铺粘地毯时，撑拉地毯挂在倒刺条上，再沿墙边刷两条胶黏剂，将地毯压平掩边。

第九步：收口处理

用金属收边条遮盖地毯与金属幕墙骨架衔接处的收口，再用密封胶进行密封。

具有减少噪声、改善脚感、防止滑倒等作用的地毯，一般用在客厅、卧室以及办公空间中，为空间增色的同时，还能达到良好的装饰效果。

玻璃幕墙与地毯地面交接实景效果图

4.6

玻璃幕墙与石材地台交接

▶▶ **玻璃幕墙与石材地台交接（1）**

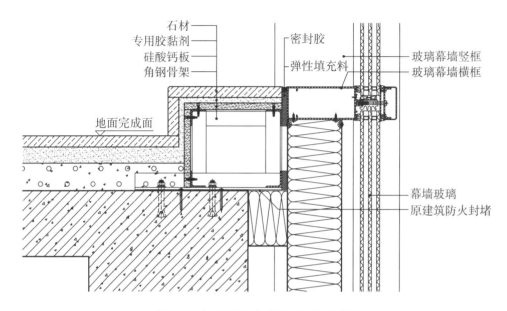

玻璃幕墙与石材地台交接（1）节点图

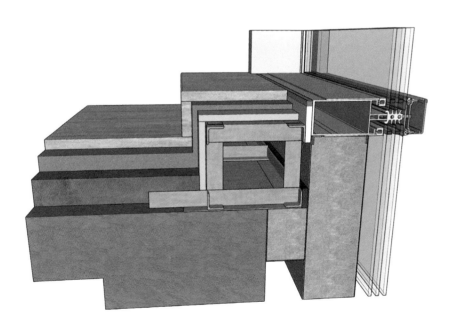

玻璃幕墙与石材地台交接（1）三维示意图

扫／码／观／看
"玻璃幕墙与石材地台交
接（1）"三维节点动图

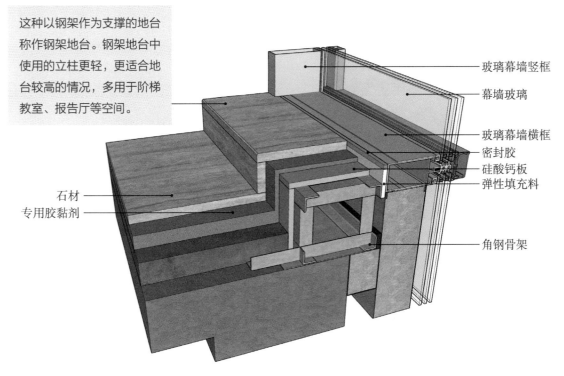

这种以钢架作为支撑的地台称作钢架地台。钢架地台中使用的立柱更轻，更适合地台较高的情况，多用于阶梯教室、报告厅等空间。

玻璃幕墙竖框

幕墙玻璃

玻璃幕墙横框

密封胶

硅酸钙板

弹性填充料

石材

专用胶黏剂

角钢骨架

玻璃幕墙与石材地台交接（1）三维示意图解析

工艺解析

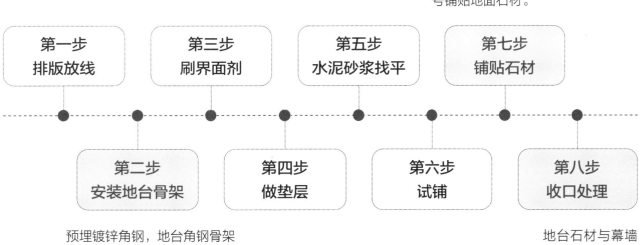

在石材背面刷专用胶黏剂，并依试铺的石材编号铺贴地面石材。

第一步
排版放线

第三步
刷界面剂

第五步
水泥砂浆找平

第七步
铺贴石材

第二步
安装地台骨架

第四步
做垫层

第六步
试铺

第八步
收口处理

预埋镀锌角钢，地台角钢骨架与预埋在原建筑楼板上方的角钢焊接，焊接好的角钢骨架表面用螺丝固定硅酸钙板。

地台石材与幕墙骨架交接处用弹性填充料进行填充后，再用密封胶进行密封。

▶▶ **玻璃幕墙与石材地台交接（2）**

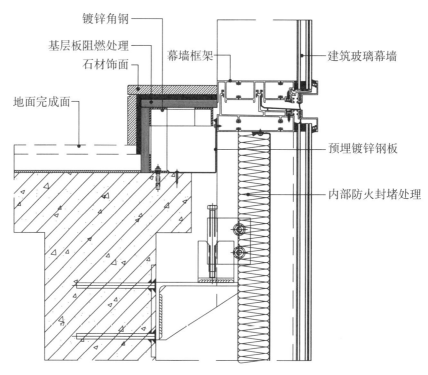

镀锌角钢

基层板阻燃处理

石材饰面

幕墙框架

建筑玻璃幕墙

地面完成面

预埋镀锌钢板

内部防火封堵处理

玻璃幕墙与石材地台交接（2）节点图

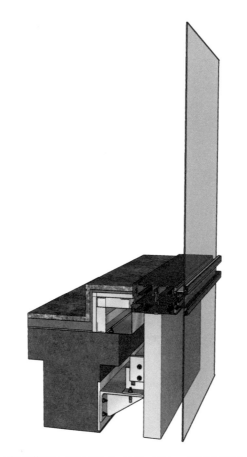

扫／码／观／看
"玻璃幕墙与石材地台交
接（2）"三维节点动图

玻璃幕墙与石材地台交接（2）三维示意图

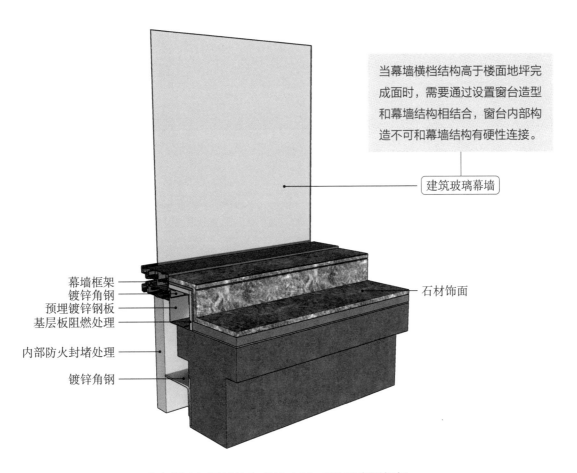

当幕墙横档结构高于楼面地坪完成面时，需要通过设置窗台造型和幕墙结构相结合，窗台内部构造不可和幕墙结构有硬性连接。

建筑玻璃幕墙

幕墙框架
镀锌角钢
预埋镀锌钢板
基层板阻燃处理

石材饰面

内部防火封堵处理

镀锌角钢

玻璃幕墙与石材地台交接（2）三维示意图解析

工艺解析

用螺栓将作为地台骨架的镀锌角钢固定在原建筑楼板上方，把经阻燃处理的基层板与角钢骨架固定连接。

按试铺编号铺贴地面石材，并根据现场尺寸铺贴地台的饰面石材。

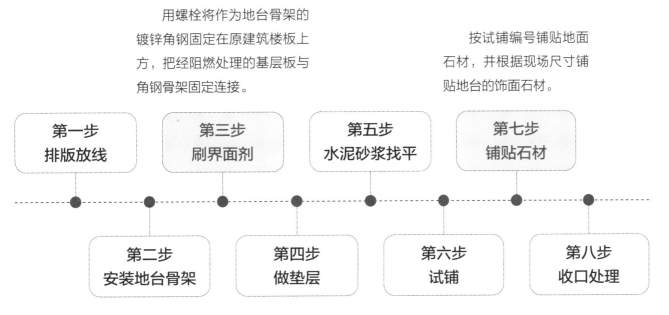

| 第一步 排版放线 | 第三步 刷界面剂 | 第五步 水泥砂浆找平 | 第七步 铺贴石材 |

| 第二步 安装地台骨架 | 第四步 做垫层 | 第六步 试铺 | 第八步 收口处理 |

地台的形状可以设计成曲线，这样既可以使得视觉效果更加流畅，富有变化的曲线又能让室内具有"动感"，避免全直线设计的僵滞带来的视觉疲劳。

玻璃幕墙与石材地台交接实景效果图

4.7
玻璃幕墙与金属饰面板地台交接

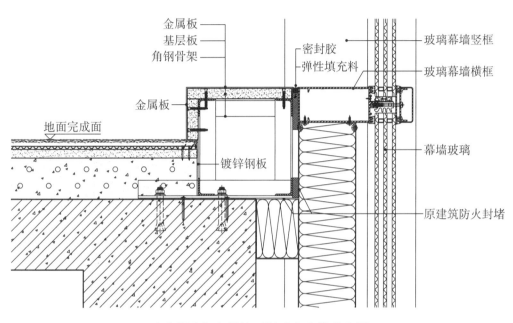

金属板
基层板
角钢骨架
密封胶
弹性填充料
玻璃幕墙竖框
玻璃幕墙横框
金属板
地面完成面
镀锌钢板
幕墙玻璃
原建筑防火封堵

玻璃幕墙与金属饰面板地台交接节点图

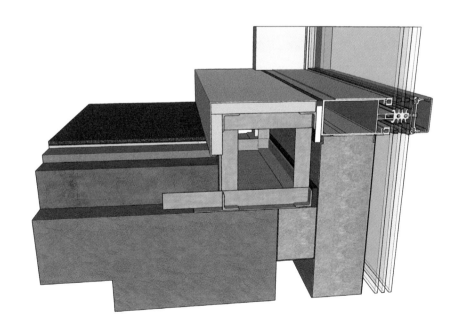

玻璃幕墙与金属饰面板地台交接三维示意图

扫 / 码 / 观 / 看
"玻璃幕墙与金属饰面板
地台交接"三维节点动图

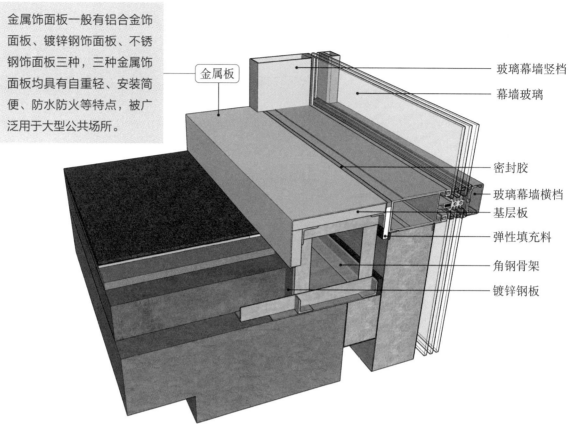

金属饰面板一般有铝合金饰面板、镀锌钢饰面板、不锈钢饰面板三种，三种金属饰面板均具有自重轻、安装简便、防水防火等特点，被广泛用于大型公共场所。

金属板　玻璃幕墙竖档

幕墙玻璃

密封胶

玻璃幕墙横档

基层板

弹性填充料

角钢骨架

镀锌钢板

玻璃幕墙与金属饰面板地台交接三维示意图解析

工艺解析

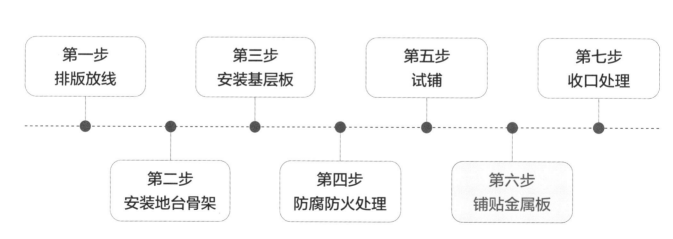

第一步 排版放线	第三步 安装基层板	第五步 试铺	第七步 收口处理

第二步 安装地台骨架	第四步 防腐防火处理	第六步 铺贴金属板

用专用胶涂刷在金属板背面进行铺贴，地台的金属板除用专用胶进行粘贴外，还需用螺丝在折角处将金属板与地台骨架固定。

金属饰面板的地台与玻璃幕墙相接，金属特有的光泽和质感加上玻璃幕墙的通透，使建筑线条清晰、庄重典雅，具有十分独特的装饰效果。

玻璃幕墙与金属饰面板地台交接实景效果图

4.8
玻璃幕墙与轻钢龙骨隔墙交接

▶▶ **玻璃幕墙与轻钢龙骨隔墙交接（1）**

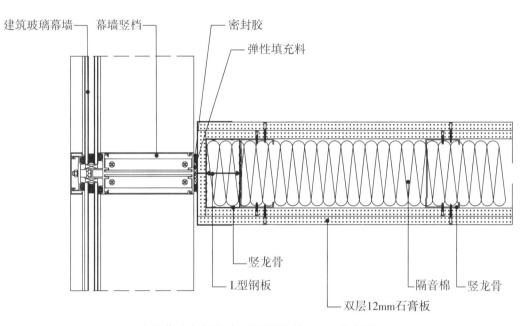

建筑玻璃幕墙　　幕墙竖档　　　密封胶

弹性填充料

竖龙骨

L型钢板

隔音棉　竖龙骨

双层12mm石膏板

玻璃幕墙与轻钢龙骨隔墙交接（1）节点图

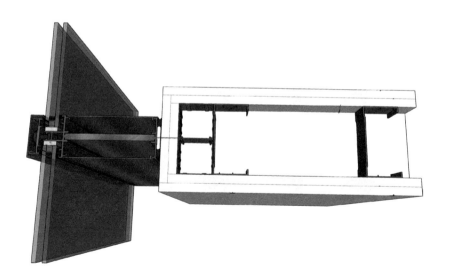

玻璃幕墙与轻钢龙骨隔墙交接（1）三维示意图

扫 / 码 / 观 / 看
"玻璃幕墙与轻钢龙骨隔
墙交接（1）"三维节点
动图

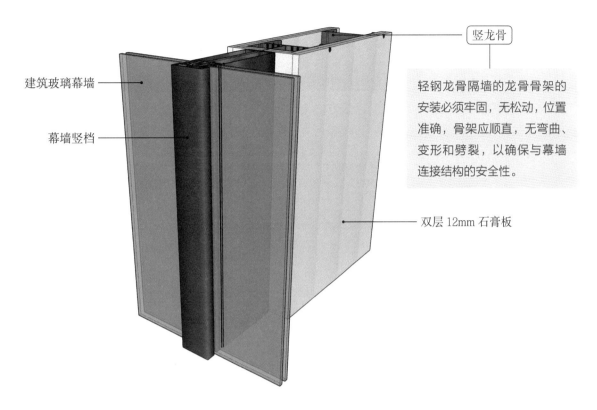

建筑玻璃幕墙

幕墙竖档

竖龙骨

轻钢龙骨隔墙的龙骨骨架的安装必须牢固，无松动，位置准确，骨架应顺直，无弯曲、变形和劈裂，以确保与幕墙连接结构的安全性。

双层 12mm 石膏板

玻璃幕墙与轻钢龙骨隔墙交接（1）三维示意图解析

/ 如何选购轻钢龙骨 /

① 选择龙骨的断面形状

轻钢龙骨断面形式有 U 型、C 型、T 型、L 型等多种类型，根据用途选择。U 型龙骨和 C 型龙骨均属于承重龙骨，可用作隔断，U 型作为主龙骨支撑，C 型作为横撑龙骨卡接。T 型和 L 型龙骨主要用于不上人的吊顶，T 型龙骨用于主龙骨和横撑龙骨，L 型则为边龙骨。

② 选择龙骨的厚度

轻钢龙骨的厚度不应小于 0.6mm。选购时不仅应查看产品的规格说明，在说明中确认长度，还应通过肉眼和手感对龙骨（铝扣板）的厚度进行复核。

③ 检查龙骨的镀锌工艺

为防止轻钢龙骨表面生锈，龙骨两面均应镀锌。选择龙骨时，应确保龙骨镀锌层无脱落、麻点等影响美观及性能的问题，确保产品合格，保障龙骨的防潮性。

④ 观察轻钢龙骨上的"雪花"

品质较好的轻钢龙骨镀锌后，表面会呈现出雪花状。选择龙骨时可选择有雪花状的镀锌表面，且雪花图案清晰、手感刚硬、缝隙较小的产品，确保选择的龙骨产品质量优良。

工艺解析

第一步：弹线

在符合设计条件的地面或地枕带上，以施工图为依据，放出隔墙位置线、门窗洞口边框线及顶龙骨位置的边线。

第二步：安装天地龙骨

按放置正确的隔墙位置线安装天龙骨及地龙骨，以 600mm 的间距将龙骨用射钉与主体固定连接，将 L 型钢板在距墙端一定距离处进行安装。

第三步：竖向龙骨分档

在安装天地龙骨后，根据隔墙放线的门洞口位置，按 900mm 或 1200mm 宽的罩面板规格分档，分档的规格尺寸为 450mm，为避免破边石膏罩面板在门洞框处，不足模数的分档需避开门洞框边第一块罩面板的位置。

第四步：安装竖向龙骨

按分档位置安装竖向龙骨，其上下两端分别插入天地龙骨，用抽芯铆钉对调整后垂直且定位准确的竖向龙骨进行固定；墙柱边的竖向龙骨以 1000mm 为间距用射钉或木螺丝与墙柱固定，竖龙骨安装完毕后设有贯通龙骨，采用支撑卡与竖龙骨固定。

第五步：安装横向卡档龙骨

根据设计要求，隔墙高度大于 3m 时应加横向卡档龙骨，卡档龙骨采用抽芯铆钉或螺栓进行固定。

第六步：安装一侧石膏板

选用双层 12mm 的石膏板。如隔墙上有门洞口，则从门口处开始安装。无门洞口墙体的安装从墙的一端开始，一般用自攻螺丝对石膏板进行固定，只有纸面石膏板紧靠龙骨时，才可用自攻螺丝进行固定。

第七步：安装另一侧石膏板及填充材料

安装方法同第一侧纸面石膏板，其接缝应与第一侧面板错开，墙体内填充材料（如隔音棉）的铺放应铺满铺平，且与另一侧石膏板的安装同时进行。

第八步：收口处理

隔墙与幕墙骨架交接处用弹性填充料进行填充后，再用密封胶进行密封。

以石膏板为饰面的轻钢龙骨隔墙，安装简便，价格便宜，普遍用于商场、超市以及写字楼等建筑的空间分隔。

玻璃幕墙与轻钢龙骨隔墙交接（1）实景效果图

▶▶ 玻璃幕墙与轻钢龙骨隔墙交接（2）

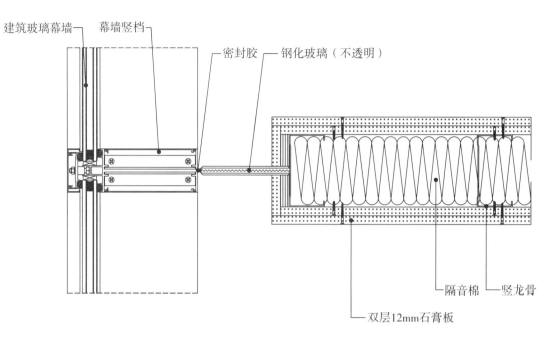

建筑玻璃幕墙　幕墙竖档　密封胶　钢化玻璃（不透明）

隔音棉　竖龙骨

双层12mm石膏板

玻璃幕墙与轻钢龙骨隔墙交接（2）节点图

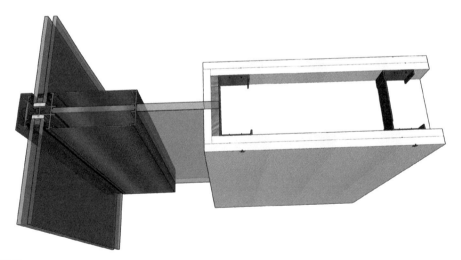

玻璃幕墙与轻钢龙骨隔墙交接（2）三维示意图

扫 / 码 / 观 / 看
"玻璃幕墙与轻钢龙骨隔
墙交接（2）"三维节点
动图

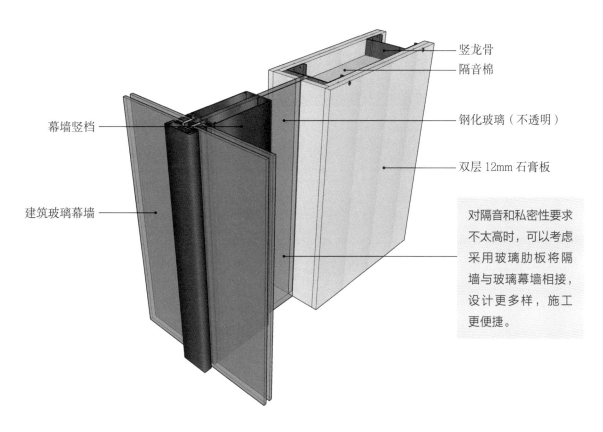

幕墙竖档

建筑玻璃幕墙

竖龙骨

隔音棉

钢化玻璃（不透明）

双层 12mm 石膏板

对隔音和私密性要求不太高时，可以考虑采用玻璃肋板将隔墙与玻璃幕墙相接，设计更多样，施工更便捷。

玻璃幕墙与轻钢龙骨隔墙交接（2）三维示意图解析

工艺解析

在安装完毕的轻钢龙骨隔墙侧端嵌入过渡用的不透明钢化玻璃，钢化玻璃与幕墙框架衔接处用密封胶进行填缝。

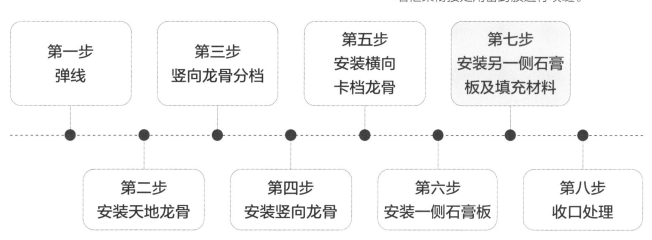

第一步
弹线

第二步
安装天地龙骨

第三步
竖向龙骨分档

第四步
安装竖向龙骨

第五步
安装横向
卡档龙骨

第六步
安装一侧石膏板

第七步
安装另一侧石膏
板及填充材料

第八步
收口处理

轻钢龙骨隔墙表面刷白色的乳胶漆，阳光透过玻璃幕墙洒在隔墙上，可以营造出温馨明亮的环境。

玻璃幕墙与轻钢龙骨隔墙交接（2）实景效果图

5

墙面与顶棚交接处节点

　　顶棚是指室内空间上部的结构层或装修层，又称天花板、天棚、顶面（平顶）。墙面指的则是室内墙体的外饰面。作为建筑设计的两大组成部分，应选择具有良好物理性能且易于清洁的材料用作墙面与顶棚的饰面来满足建筑各方面的使用要求。

　　不同材料具有不同的特性差异，交接时处理方式的不同也会产生不同的装饰效果。本章通过墙面与顶棚采用的材料分类，整理出十一种墙面与顶棚相交节点，对它们交接处的节点处理的施工工艺、相关适用场景以及注意事项进行了详细说明。

5.1
混凝土墙面与矿棉板顶棚交接

▶▶ 混凝土墙面与矿棉板顶棚交接（明架）

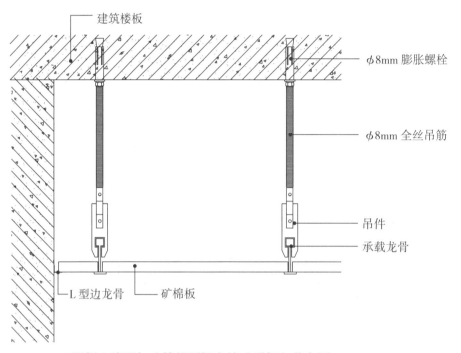

建筑楼板

$\phi 8mm$ 膨胀螺栓

$\phi 8mm$ 全丝吊筋

吊件

承载龙骨

L 型边龙骨　　矿棉板

混凝土墙面与矿棉板顶棚交接（明架）节点图

扫 / 码 / 观 / 看
"混凝土墙面与矿棉板顶棚交接（明架）"三维节点动图

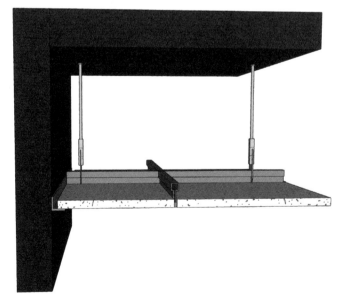

混凝土墙面与矿棉板顶棚交接（明架）三维示意图

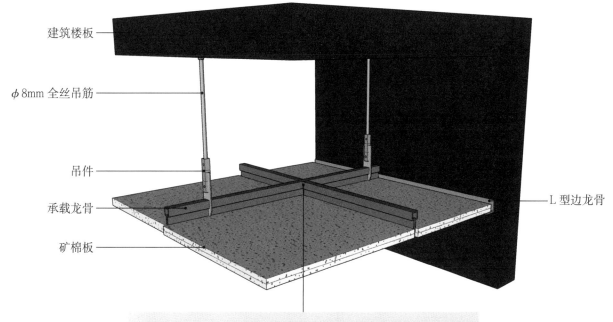

建筑楼板

ϕ 8mm 全丝吊筋

吊件

承载龙骨

矿棉板

L 型边龙骨

当吊顶面积小于 40m² 且为不上人吊顶时，可不用主龙骨（承载龙骨），采用贴吊装方式。T 型龙骨按室内进深排列，余量板应尽量不小于整版的 1/3。T 型主次龙骨接头必须平直严密。

混凝土墙面与矿棉板顶棚交接（明架）三维示意图解析

—— / 常见矿棉板分类 / ——

毛毛虫矿棉板

最常见的矿棉板花纹，吸音效果好，开放型的表面处理方式

针孔花纹矿棉板

表面排布密集的针孔，能够增加其吸音能力，同时达到一定的美观效果

喷砂矿棉板

在表面喷涂一层密集的砂状颗粒，表面与真石漆类似，可以做多种造型，提高了防潮能力，较为高档

条纹花形矿棉板

以吸音为主要目的，美观性一般，需要基层才能将其粘贴上去

浮雕立体矿棉板

以粘贴做法为主，表面凹凸不平来达到较好的吸音效果，与条形板类似

工艺解析

第一步：定高度、弹线

根据设计图纸结合现场情况，将吊点位置弹在楼板上，龙骨间距和吊杆间距一般都控制在 1.2m 以内。再将设计标高线弹到四周墙面或柱面上，若顶棚有不同标高，那么，应将变截面的位置弹到楼板上。

第二步：预排

对矿棉板进行预排，一般可根据中分原则进行，若两边出现小块的矿棉板，可换一种排法，尽量使靠墙的部分大于 1/3 整块矿棉板的宽度。

第三步：固定吊杆

用膨胀螺栓将吊杆固定，吊杆悬吊宜沿主龙骨方向，间距不宜大于 1.2m，在主龙骨的端部或接长处，需加设吊杆或悬挂铅丝。

第四步：安装龙骨

采用 T 型承载龙骨，主、次龙骨宜从同一方向同时安装，根据已确定的主龙骨位置及标高线先大致将其基本就位，将连接件与主龙骨方孔相连，全面校正主、次龙骨的位置及水平度，连接件应错位安装。

第五步：调平

调平时要注意一定要从一端调向另一端，要做到纵横平直。

第六步：安装饰面板

将龙骨吊装调直找平后，可将饰面板搁在主、次龙骨组成的框内，板搭在龙骨上即可，但要注意饰面板的四边必须与龙骨紧密相贴，不能因翘曲留下可见缝。

第七步：相接面处理

矿棉板顶棚沿墙面用边龙骨封边收口。检查顶棚与墙面四周交圈是否一致，封边收口是否连接贯通，接缝是否严密，并进行调整，检验合格后进行验收。

矿棉板能够有效地减少噪音，不会在室内形成回
音，防火性能突出，导热系数小，容易保温，有
非常好的阻燃效果，适用于客厅、餐厅等空间。

混凝土墙面与矿棉板顶棚交接（明架）实景效果图

►► 混凝土墙面与矿棉板顶棚交接（暗架）

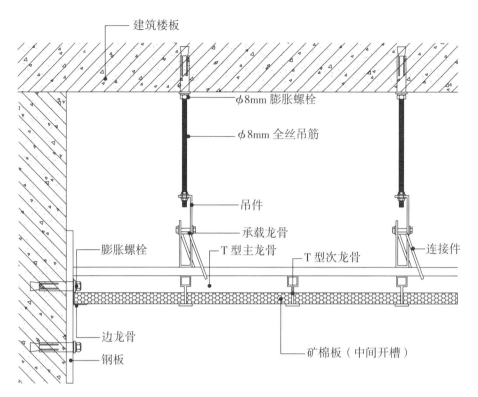

建筑楼板
φ8mm 膨胀螺栓
φ8mm 全丝吊筋
吊件
承载龙骨
T 型主龙骨
T 型次龙骨
连接件
膨胀螺栓
边龙骨
钢板
矿棉板（中间开槽）

混凝土墙面与矿棉板顶棚交接（暗架）节点图

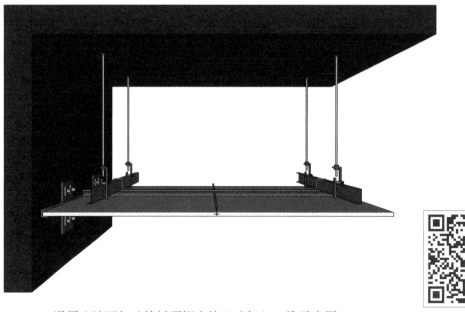

混凝土墙面与矿棉板顶棚交接（暗架）三维示意图

扫 / 码 / 观 / 看
"混凝土墙面与矿棉板顶棚交接（暗架）"三维节点动图

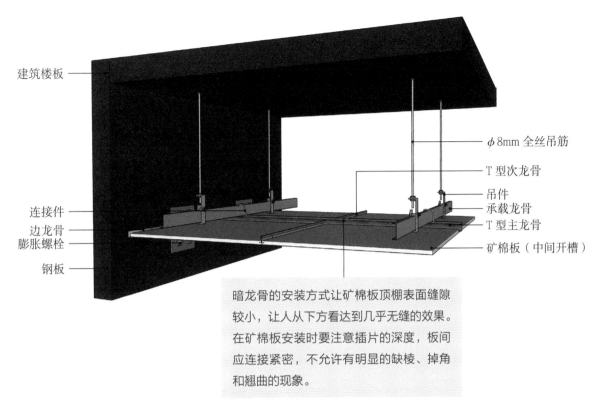

建筑楼板

φ8mm 全丝吊筋
T 型次龙骨
吊件
承载龙骨
T 型主龙骨
矿棉板（中间开槽）

连接件
边龙骨
膨胀螺栓
钢板

暗龙骨的安装方式让矿棉板顶棚表面缝隙较小，让人从下方看达到几乎无缝的效果。在矿棉板安装时要注意插片的深度，板间应连接紧密，不允许有明显的缺棱、掉角和翘曲的现象。

混凝土墙面与矿棉板顶棚交接（暗架）三维示意图解析

工艺解析

顶棚与墙面相接处，将 L 型边龙骨与用膨胀螺栓固定在墙面的钢板进行焊接。

第一步
定高度、弹线

第三步
固定吊杆

第五步
调平

第七步
相接面处理

第二步
预排

第四步
安装龙骨

第六步
安装饰面板

刷有白色乳胶漆的墙面与矿棉板的搭配，通常用在开放型的办公空间中，显示一种直观简明的室内装修风格。

混凝土墙面与矿棉板顶棚交接（暗架）实景效果图

5.2
混凝土墙面与铝板顶棚交接

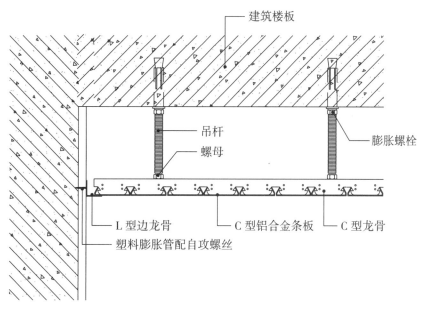

建筑楼板

吊杆

螺母

膨胀螺栓

L 型边龙骨 — C 型铝合金条板 — C 型龙骨

塑料膨胀管配自攻螺丝

混凝土墙面与铝板顶棚交接节点图

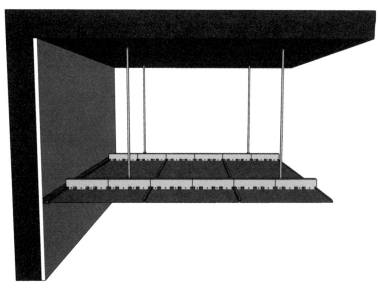

混凝土墙面与铝板顶棚交接三维示意图

扫 / 码 / 观 / 看
"混凝土墙面与铝板顶棚
交接"三维节点动图

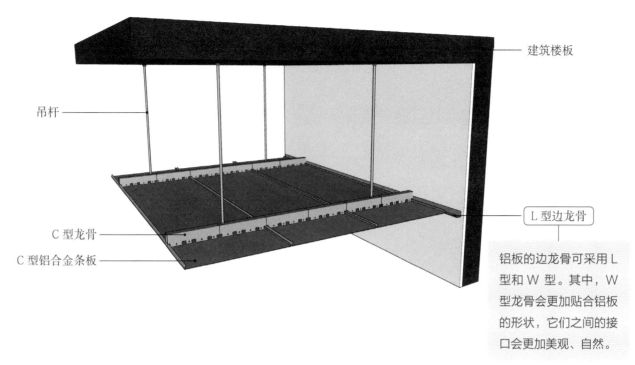

建筑楼板

吊杆

C 型龙骨

C 型铝合金条板

L 型边龙骨

铝板的边龙骨可采用 L 型和 W 型。其中，W 型龙骨会更加贴合铝板的形状，它们之间的接口会更加美观、自然。

混凝土墙面与铝板顶棚交接三维示意图解析

/ 铝板的挑选技巧 /

① 看厚度

市面上的铝板厚度不等，通常家居空间中铝板的厚度选 0.6mm 即可。判断铝板厚度最直接的方法是看产品的规格说明，长度、厚度等信息在产品说明上一目了然。再者，可以通过肉眼和手感判断铝板的厚度。

② 选工艺

铝板的表面处理很关键，一般分为喷涂、滚涂、覆膜等几种形式。喷涂存在使用寿命短、容易出现色差等缺点；滚涂表面均匀、光滑，无划伤、脱落、缩孔、漏涂等明显缺陷；覆膜则具有表面粘贴牢固，无起皱、划伤、脱落、漏贴等优点，覆膜有普通膜和进口膜的区别，因此，其价格差别也很大。选购时，可通过手感判断铝板表面是否光滑细腻。此外，选购覆膜板时更要小心，由于覆膜板工艺要求高，若是人工直接在铝板上贴膜，一旦温度变化过大，表层容易脱落。

③ 挑材质

铝板的材质可分为钛铝合金、铝镁合金、铝锰合金和普通铝合金等类型。铝镁合金最大的优点是抗氧化能力好；铝锰合金的强度和刚度都高于铝镁合金，但抗氧化能力要低于铝镁合金；普通的铝合金则强度、刚度及抗氧化能力均弱于前两者；钛铝合金不仅具备抗氧化能力强、强度和刚度高的优点，还具有抗酸碱性强的优点，适合在厨房和卫生间长期使用。

鉴别铝板材质的优劣，除了观察板材薄厚是否均匀外，还要看铝板的弹性和韧性是否良好。可通过选取一块样板，用手把它折弯。若是铝材不好，很容易被折弯且不会恢复原来的形状；质地好的铝材被折弯之后，会在一定程度上反弹。

工艺解析

第一步：定高度、弹线

根据楼层标高水平线，按照设计标高，沿墙四周弹顶棚标高水平线，并找出房间中心点，并沿顶棚的标高水平线，以房间中心点为中心在墙上画好龙骨分档位置线。

第二步：安装吊杆

在弹好顶棚标高水平线及龙骨位置线后，确定吊杆下端头的标高，安装预先加工好的吊杆，吊杆安装用膨胀螺栓固定在顶棚上，吊杆选用帕圆钢，吊筋间距控制在 1200mm 范围内。

第三步：安装主龙骨

主龙骨选用 C 型轻钢龙骨，间距控制在 1200mm 范围内，安装时采用与主龙骨配套的吊件与吊杆连接。

第四步：安装边龙骨

铝板顶棚的 L 型边龙骨应安装在结构墙面，上下边缘与吊顶标高线平齐，并按墙面材料的不同选用射钉或膨胀螺栓等固定，固定间距宜为 300mm，端头宜为 500mm。

第五步：隐蔽检查

安装铝板前应对顶棚内管道和设备进行调试和验收，防止返工。

第六步：安装铝板

C 型铝合金条板安装的时候需要在装配面积的中间位置垂直龙骨的方向拉一条基准线，对齐基准线向两边安装。安装时，轻拿轻放，必须顺着翻边部位的顺序将方板两边轻压，卡进龙骨后再推紧。

第七步：相接面处理

将铝板顶棚边缘卡入主龙骨的 C 型凹槽内进行固定，并与墙体上固定的边龙骨粘接（焊接）。

铝板顶棚的安装缝隙很小，其具有的独特光泽感与粗糙
自然的混凝土墙面结合，即使是小面积的使用也能得到
良好的装饰效果，可以用在狭小的走廊、过道中。

混凝土墙面与铝板顶棚交接实景效果图

5.3
石材墙面与乳胶漆顶棚交接

▶▶ **石材墙面与乳胶漆顶棚交接（1）**

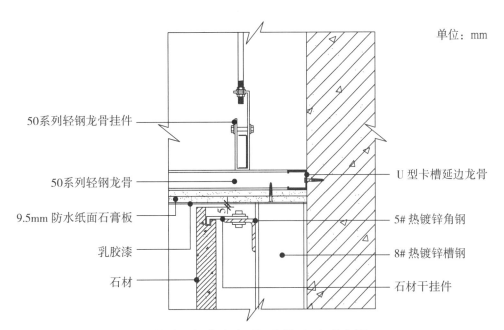

单位：mm

50系列轻钢龙骨挂件

50系列轻钢龙骨

9.5mm 防水纸面石膏板

乳胶漆

石材

U型卡槽延边龙骨

5# 热镀锌角钢

8# 热镀锌槽钢

石材干挂件

石材墙面与乳胶漆顶棚交接（1）节点图

扫 / 码 / 观 / 看
"石材墙面与乳胶漆顶棚
交接（1）"三维节点动图

石材墙面与乳胶漆顶棚交接（1）三维示意图

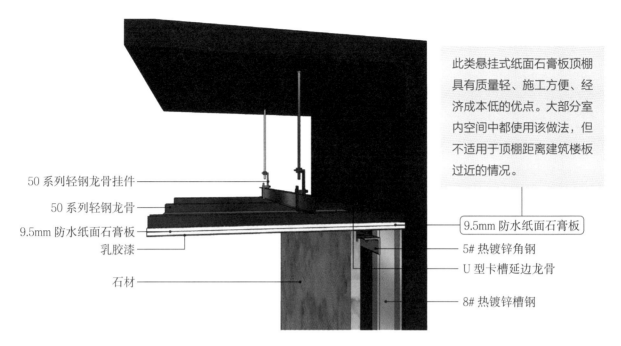

50 系列轻钢龙骨挂件

50 系列轻钢龙骨

9.5mm 防水纸面石膏板

乳胶漆

石材

此类悬挂式纸面石膏板顶棚具有质量轻、施工方便、经济成本低的优点。大部分室内空间中都使用该做法，但不适用于顶棚距离建筑楼板过近的情况。

9.5mm 防水纸面石膏板

5# 热镀锌角钢

U 型卡槽延边龙骨

8# 热镀锌槽钢

石材墙面与乳胶漆顶棚交接（1）三维示意图解析

/ 纸面石膏板的挑选小技巧 /

① 看纸面

纸面的好坏直接决定着纸面石膏板的质量，优质纸面石膏板的纸面轻且薄，强度高，表面光滑没有污渍，韧性好；劣质板材的纸面厚且重，强度差，表面可见污点，易碎裂。

② 观察石膏芯

高纯度的石膏芯主料为纯石膏，而低质量石膏芯则含有很多有害物质。从外观看，好的石膏芯颜色发白，而劣质的发黄，颜色暗淡。

③ 检验纸面的黏合度

用壁纸刀在石膏板的表面画一个"X"，在交叉的地方撕开表面，优质的纸层不会脱离石膏芯，而劣质的纸层可以撕下来，使石膏芯暴露出来。

④ 称重量

相同大小的板材，优质的纸面石膏板通常比劣质的要轻。可以将小块的板材泡到水中进行检测，相同的时间里，最快掉落水底的板材质量最差，而高质量的则应该浮在水面上。

⑤ 查看检测报告

石膏板的检验报告有一些是委托检验，委托检验可以特别生产一批板材送去检验，并不能保证全部板材的质量都是合格的。而还有一种检验方式是抽样检验，是不定期地对产品进行抽样检测，有这种报告的产品质量更具保证。

工艺解析

第一步：基层处理

将基层墙面及建筑楼板清理干净，不得有浮土、浮灰，找平后涂好防水剂。

第二步：测量放线

施工前按照设计标高在墙体上弹出水平控制线和每层石材标高线。根据石材分隔图弹线后，还要确定膨胀螺栓的安装位置。并在顶棚四周弹出清晰、准确的安装墨线，弹线的误差应不大于 2mm。

第三步：预埋钢板

将镀锌钢板用膨胀螺栓预埋在新砌或原有墙体的建筑圈梁上。

第四步：基层钢架焊接

8# 热镀锌槽钢通过连接件与预埋的钢板焊接，5# 热镀锌角钢焊接在槽钢上，石材干挂件用不锈钢螺栓与角钢固定。

第五步：石材安装

将石材饰面与挂件嵌缝安装，并测试板面的稳定性。石材安装完毕后，经检查无误，清扫拼接缝后即可嵌入橡胶条或泡沫条。然后打勾缝胶封闭，注胶均匀，胶缝饱满，也可稍凹于板面。

第六步：安装吊杆

采用 50 系列轻钢龙骨挂件，吊杆间距 1200mm 之内，必须使用 8mm 膨胀螺栓固定，用量约为 $1m^2$ 一个。

第七步：安装龙骨

主龙骨与主龙骨的间距为 800mm，主龙骨两端距墙面悬空均不超过 300mm。边龙骨采用专用边角龙骨，不可采用次龙骨代替。顶棚龙骨均采用 50 系列轻钢龙骨

第八步：石膏板封板

检查隐蔽工程确认合格后，将 9.5mm 防水纸面石膏板弹线分块，使用专用螺丝固定，沉入石膏板 0.5mm~1mm，钉距为 150mm~170mm。固定石膏板时应从板中间向四边固定，不得多点同时作业。板缝交接处必须有龙骨。

第九步：相接面处理

若石材饰面距顶棚一段距离，可以不做相接面的处理；若石材与顶棚直碰，则墙面最上层的石材需待顶棚刷乳胶漆后再进行安装，并用玻璃胶或颜色相近的水泥浆进行勾缝。

石材作为一个天然的材质，质地坚硬、花色自然，作为客厅隔墙可以让房间增添几分典雅的气氛。

石材墙面与乳胶漆顶棚交接（1）实景效果图

▶▶ 石材墙面与乳胶漆顶棚交接（2）

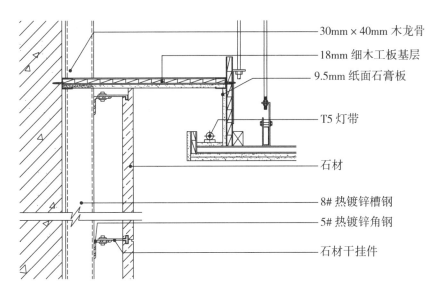

30mm×40mm 木龙骨

18mm 细木工板基层

9.5mm 纸面石膏板

T5 灯带

石材

8# 热镀锌槽钢

5# 热镀锌角钢

石材干挂件

石材墙面与乳胶漆顶棚交接（2）节点图

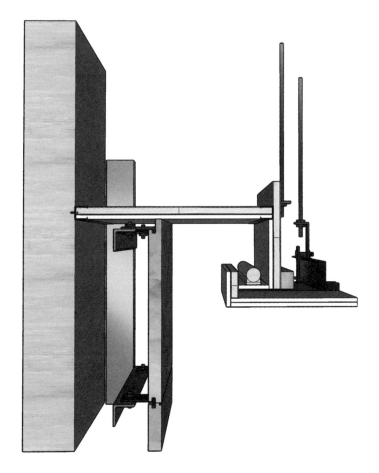

石材墙面与乳胶漆顶棚交接（2）三维示意图

扫／码／观／看
"石材墙面与乳胶漆顶棚
交接（2）"三维节点动图

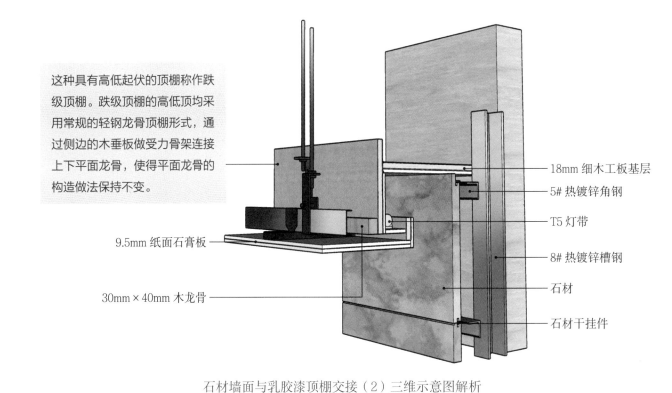

这种具有高低起伏的顶棚称作跌级顶棚。跌级顶棚的高低顶均采用常规的轻钢龙骨顶棚形式，通过侧边的木垂板做受力骨架连接上下平面龙骨，使得平面龙骨的构造做法保持不变。

18mm 细木工板基层

5# 热镀锌角钢

T5 灯带

9.5mm 纸面石膏板

8# 热镀锌槽钢

石材

30mm×40mm 木龙骨

石材干挂件

石材墙面与乳胶漆顶棚交接（2）三维示意图解析

工艺解析

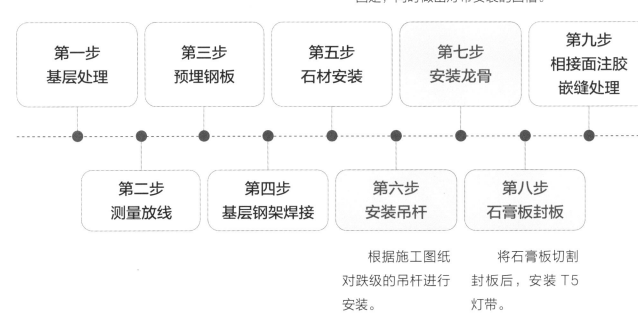

按龙骨分档线对主次龙骨进行安装，并用 18mm 厚细木工板与龙骨固定，同时做出灯带安装的凹槽。

第一步
基层处理

第三步
预埋钢板

第五步
石材安装

第七步
安装龙骨

第九步
相接面注胶嵌缝处理

第二步
测量放线

第四步
基层钢架焊接

第六步
安装吊杆

第八步
石膏板封板

根据施工图纸对跌级的吊杆进行安装。

将石膏板切割封板后，安装 T5 灯带。

作为一种较为高端的装饰材料，石材的材料价格
和施工价格都较高，故要做石材墙面需有充足的
资金准备。石材墙面可以在茶餐厅做背景墙使用。

石材墙面与乳胶漆顶棚交接（2）实景效果图

▶▶ **石材墙面与乳胶漆顶棚交接（3）**

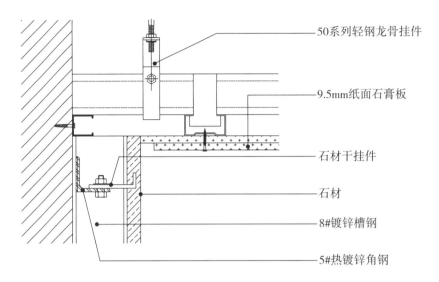

50系列轻钢龙骨挂件

9.5mm纸面石膏板

石材干挂件

石材

8#镀锌槽钢

5#热镀锌角钢

石材墙面与乳胶漆顶棚交接（3）节点图

石材墙面与乳胶漆顶棚交接（3）三维示意图

扫 / 码 / 观 / 看
"石材墙面与乳胶漆顶棚
交接（3）"三维节点动图

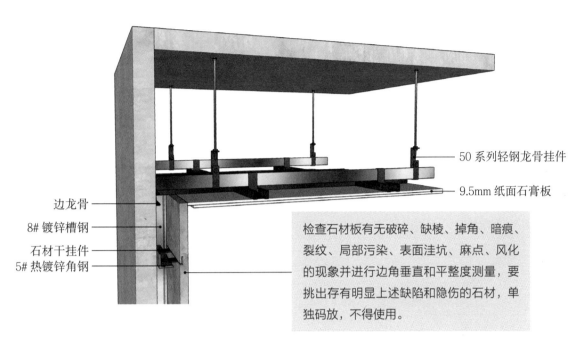

50 系列轻钢龙骨挂件

9.5mm 纸面石膏板

边龙骨

8# 镀锌槽钢

石材干挂件

5# 热镀锌角钢

检查石材板有无破碎、缺棱、掉角、暗痕、裂纹、局部污染、表面洼坑、麻点、风化的现象并进行边角垂直和平整度测量，要挑出存有明显上述缺陷和隐伤的石材，单独码放，不得使用。

石材墙面与乳胶漆顶棚交接（3）三维示意图解析

工艺解析

主龙骨应吊挂在吊杆上，并平行房间长向安装。用自攻螺丝钉固定边龙骨与墙面以及次龙骨与边龙骨。

| 第一步
基层处理 | 第三步
预埋钢板 | 第五步
石材安装 | 第七步
安装龙骨 | 第九步
相接面注胶
嵌缝处理 |

| 第二步
测量放线 | 第四步
基层钢架焊接 | 第六步
安装吊杆 | 第八步
石膏板封板 |

石膏板从顶棚的一端开始错缝安装，逐块排开，余量放在最后安装。安装时，螺丝要从板的中间开始向四周固定，石膏板边缘钉子的间距应该为 150mm~170mm。

经釉面处理的石材具有防水且易于清
洁的特性，用在浴室中，可以减少清
洁维护的时间。

石材墙面与乳胶漆顶棚交接（3）实景效果图

5.4
石材墙面与铝板顶棚交接

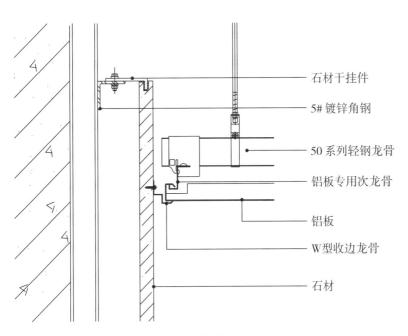

石材干挂件

5# 镀锌角钢

50 系列轻钢龙骨

铝板专用次龙骨

铝板

W型收边龙骨

石材

石材墙面与铝板顶棚交接节点图

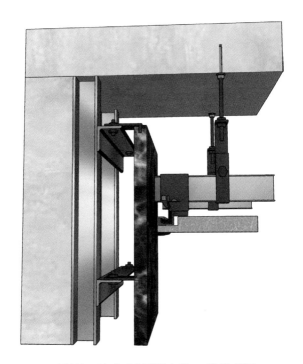

石材墙面与铝板顶棚交接三维示意图

扫 / 码 / 观 / 看
"石材墙面与铝板顶棚交
接"三维节点动图

179

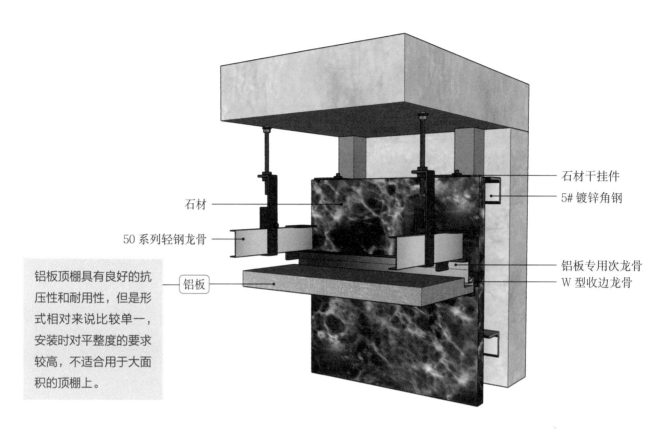

石材干挂件

5# 镀锌角钢

石材

50 系列轻钢龙骨

铝板专用次龙骨

W 型收边龙骨

铝板

铝板顶棚具有良好的抗压性和耐用性，但是形式相对来说比较单一，安装时对平整度的要求较高，不适合用于大面积的顶棚上。

石材墙面与铝板顶棚交接三维示意图解析

工艺解析

将 50 系列轻钢龙骨与吊杆固定，并用连接件与铝板专用次龙骨连接。

石材墙面与铝板相接处用 W 型收边龙骨进行连接收口。

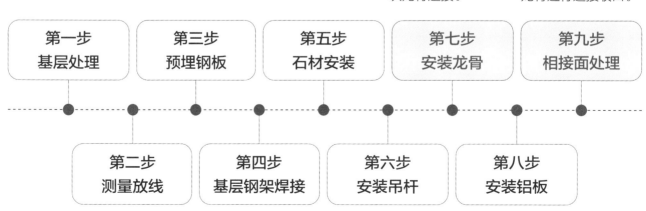

第一步 基层处理	第三步 预埋钢板	第五步 石材安装	第七步 安装龙骨	第九步 相接面处理
第二步 测量放线	第四步 基层钢架焊接	第六步 安装吊杆	第八步 安装铝板	

石材与铝板都是冷色调的饰面材料，结合在一起可以用在大型工业性、艺术性的建筑（如艺术馆、展览馆等）中，给人以素雅、清爽的感觉。

石材墙面与铝板顶棚交接实景效果图

5.5
木饰面墙面与乳胶漆顶棚交接

▶▶ 木饰面墙面与乳胶漆顶棚交接（1）

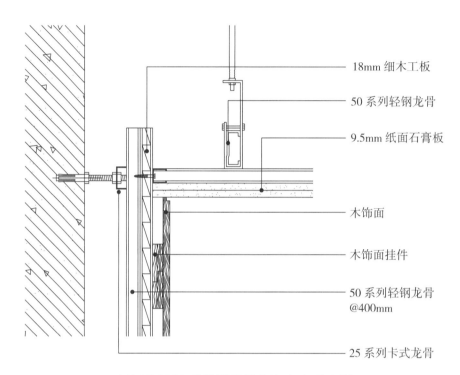

18mm 细木工板

50 系列轻钢龙骨

9.5mm 纸面石膏板

木饰面

木饰面挂件

50 系列轻钢龙骨 @400mm

25 系列卡式龙骨

木饰面墙面与乳胶漆顶棚交接（1）节点图

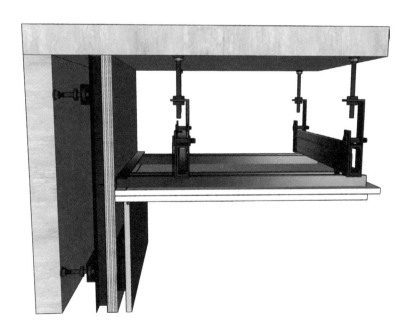

木饰面墙面与乳胶漆顶棚交接（1）三维示意图

扫 / 码 / 观 / 看
"木饰面墙面与乳胶漆顶棚交接（1）" 三维节点动图

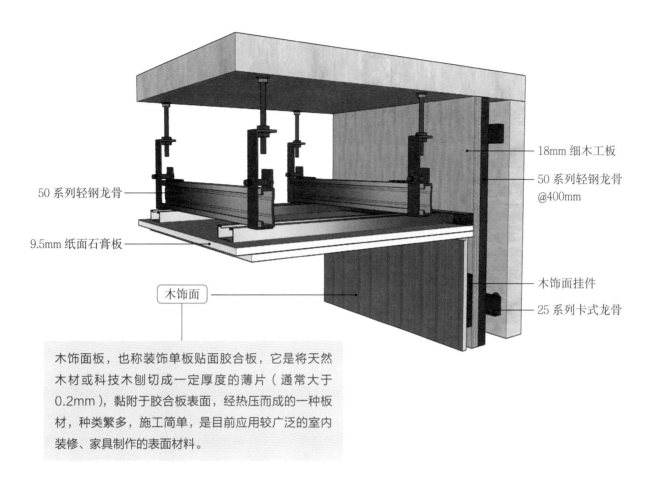

18mm 细木工板

50 系列轻钢龙骨
@400mm

50 系列轻钢龙骨

9.5mm 纸面石膏板

木饰面挂件

25 系列卡式龙骨

木饰面

木饰面板，也称装饰单板贴面胶合板，它是将天然木材或科技木刨切成一定厚度的薄片（通常大于0.2mm），黏附于胶合板表面，经热压而成的一种板材，种类繁多，施工简单，是目前应用较广泛的室内装修、家具制作的表面材料。

木饰面墙面与乳胶漆顶棚交接（1）三维示意图解析

/ 乳胶漆的类型 /

| 有光漆 | 丝光漆 | 亚光漆 | 亮光漆 |

有光漆

特点：色泽纯正，光泽柔和。漆膜坚韧，附着力强，干燥快。防霉耐水，耐候性好，遮盖力高

丝光漆

特点：涂膜平整光滑、质感细腻，高遮盖力、强附着，可洗刷，光泽持久。极佳抗菌及防霉性能，优良的耐水耐碱性能

亚光漆

特点：无毒、无味。较高的遮盖力、良好的耐洗刷性。附着力强，耐碱性好，流平性好

亮光漆

特点：卓越的遮盖力，坚固美观，光亮如瓷。很高的附着力，高防霉抗菌性能。耐洗刷，涂膜耐久且不易剥，坚韧牢固

工艺解析

第一步：定位弹线

按图纸的设计要求弹出隔墙的四周边线，面板按长、宽分档，确定龙骨位置。若原建筑基面有凹凸不平的现象，要进行处理，以保证龙骨安装后的平整度。同时根据设计图纸中预留设备安装和维修的高度围绕墙体弹出一圈顶棚安装的基准线。

第二步：固定卡式横档龙骨

使用 25 系列卡式龙骨，将卡式横档龙骨以 300mm 的间距，用膨胀螺栓固定在建筑墙体上。

第三步：固定竖档龙骨

将 50 系列卡式竖档龙骨以 400mm 的间距与横档龙骨匹配的双向卡口部卡接后，用自攻螺丝将细木工板基板固定。

第四步：基层处理

对涂刷防火涂料三遍的 18mm 厚的细木工板基层进行找平处理。木饰板挂件用枪钉与细木工板固定，挂件背面刷胶与木饰面固定。

第五步：挂装木饰面

将木饰面通过挂件固定在细木工板上。木饰面挂装并调整好位置后，从中间开始向外依次用胶钉固定，并在面层涂刷清漆。

第六步：固定吊杆

第七步：安装龙骨

第八步：石膏板封顶

第九步：相接面处理

为保证收口的美观性，墙面木饰面板与顶棚石膏板相接处做出 5mm 宽的工艺缝。

偏深的木饰面墙面与深绿色的乳胶漆顶棚相接，让人联想到沉静的自然，像这样作为商业性建筑（如书店、手工艺品店等）的室内装饰时，会给人以耳目一新的感觉。

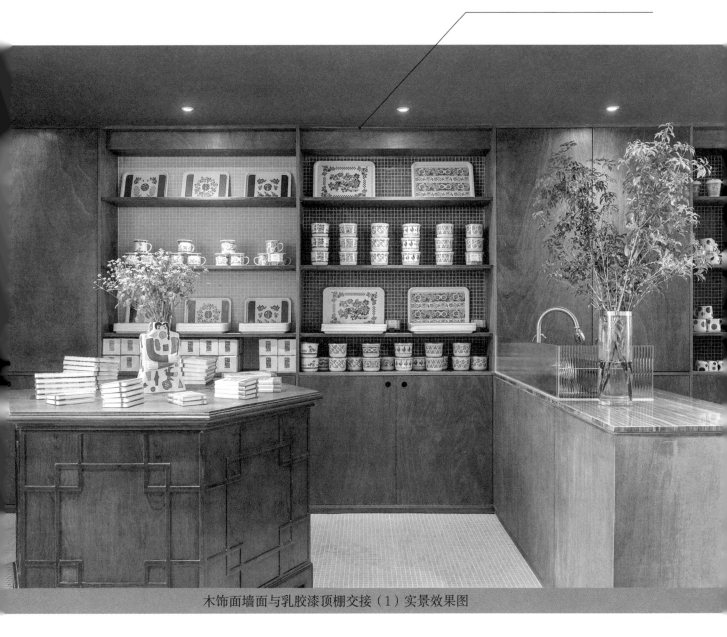

木饰面墙面与乳胶漆顶棚交接（1）实景效果图

▶▶ **木饰面墙面与乳胶漆顶棚交接（2）**

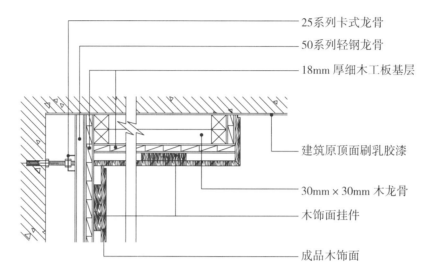

25系列卡式龙骨

50系列轻钢龙骨

18mm 厚细木工板基层

建筑原顶面刷乳胶漆

30mm×30mm 木龙骨

木饰面挂件

成品木饰面

木饰面墙面与乳胶漆顶棚交接（2）节点图

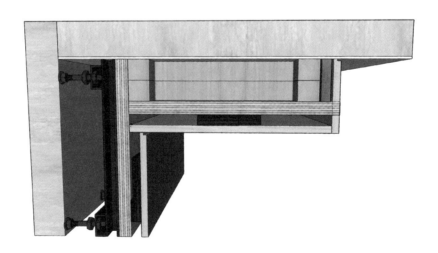

木饰面墙面与乳胶漆顶棚交接（2）三维示意图

扫 / 码 / 观 / 看
"木饰面墙面与乳胶漆顶
棚交接（2）"三维节点
动图

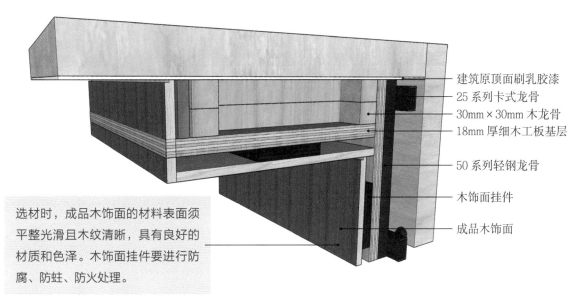

建筑原顶面刷乳胶漆

25 系列卡式龙骨

30mm×30mm 木龙骨

18mm 厚细木工板基层

50 系列轻钢龙骨

木饰面挂件

成品木饰面

选材时，成品木饰面的材料表面须平整光滑且木纹清晰，具有良好的材质和色泽。木饰面挂件要进行防腐、防蛀、防火处理。

木饰面墙面与乳胶漆顶棚交接（2）三维示意图解析

工艺解析

| 第一步 定位弹线 | 第三步 固定竖档龙骨 | 第五步 挂装木饰面 | 第七步 安装龙骨 | 第九步 相接面处理 |

| 第二步 固定卡式横档龙骨 | 第四步 基层处理 | 第六步 固定吊杆 | 第八步 石膏板封顶 |

将 30mm×30mm 的木龙骨撑出，沿木龙骨外固定细木工板，并在木板基层上安装木饰面挂件。

具有浅色木纹的木饰面墙面与色调柔和的乳胶漆顶棚相接，是简练舒适的现代风格，可用在书房、客厅、卧室等空间中。

木饰面墙面与乳胶漆顶棚交接（2）实景效果图

▶▶ 木饰面墙面与乳胶漆顶棚交接（3）

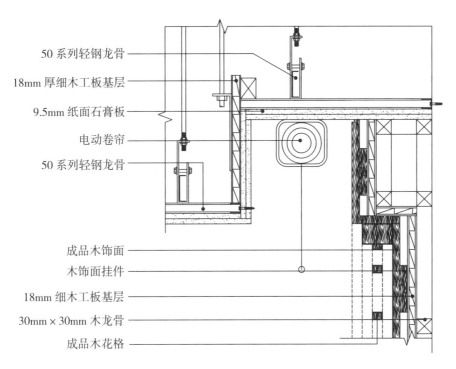

50 系列轻钢龙骨

18mm 厚细木工板基层

9.5mm 纸面石膏板

电动卷帘

50 系列轻钢龙骨

成品木饰面

木饰面挂件

18mm 细木工板基层

30mm × 30mm 木龙骨

成品木花格

木饰面墙面与乳胶漆顶棚交接（3）节点图

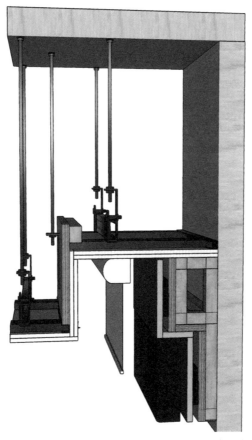

木饰面墙面与乳胶漆顶棚交接（3）三维示意图解析

扫 / 码 / 观 / 看
"木饰面墙面与乳胶漆顶
棚交接（3）"三维节点
动图

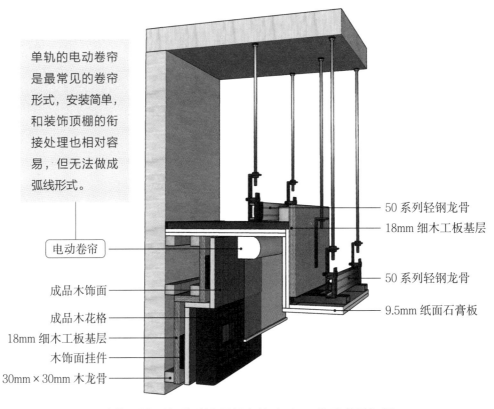

单轨的电动卷帘是最常见的卷帘形式，安装简单，和装饰顶棚的衔接处理也相对容易，但无法做成弧线形式。

电动卷帘

成品木饰面

成品木花格

18mm 细木工板基层

木饰面挂件

30mm×30mm 木龙骨

50 系列轻钢龙骨

18mm 细木工板基层

50 系列轻钢龙骨

9.5mm 纸面石膏板

木饰面墙面与乳胶漆顶棚交接（3）三维示意图解析

工艺解析

墙面木饰面与顶棚石膏板相接处做倒角处理。

| 第一步 定位弹线 | 第三步 基层处理 | 第五步 安装电动卷帘及成品木花格 | 第七步 安装龙骨 | 第九步 相接面处理 |
| 第二步 安装木龙骨 | 第四步 挂装木饰面 | 第六步 固定吊杆 | 第八步 石膏板封顶 | |

木龙骨涂刷防火涂料三遍。将 30mm×30mm 的木龙骨按弹线位置在原建筑墙面安装固定。

木饰面属于温度的不良导体，因此以木龙骨干挂木饰面墙面作为家装的隔墙时，可以起到冬暖夏凉的作用，设置在卧室、客厅、餐厅等空间是较佳的选择。

木饰面墙面与乳胶漆顶棚交接（3）实景效果图

▶▶ **木饰面墙面与乳胶漆顶棚交接（4）**

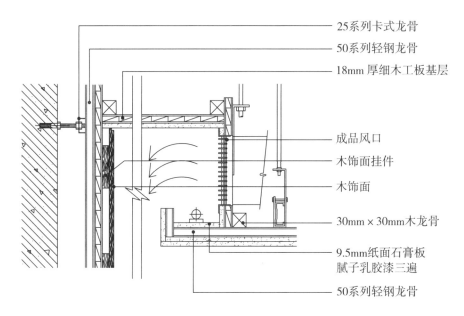

25系列卡式龙骨
50系列轻钢龙骨
18mm 厚细木工板基层

成品风口
木饰面挂件
木饰面
30mm×30mm木龙骨
9.5mm纸面石膏板
腻子乳胶漆三遍
50系列轻钢龙骨

木饰面墙面与乳胶漆顶棚交接（4）节点图

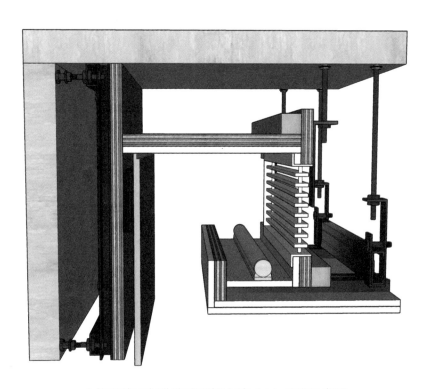

木饰面墙面与乳胶漆顶棚交接（4）三维示意图

扫 / 码 / 观 / 看
"木饰面墙面与乳胶漆顶棚交接（4）"三维节点动图

卡式龙骨防腐防锈，且其强度高、施工便捷，可以运用在客厅、餐厅、卧室、浴室等空间处。除此之外，卡式龙骨在市面上品种繁多，选出品质优良的产品较为费时费力。

卡式龙骨

18mm 厚细木工板基层

木饰面挂件

50 系列轻钢龙骨

木饰面

9.5mm 纸面石膏板腻子乳胶漆三遍

30mm × 30mm 木龙骨

50 系列轻钢龙骨

木饰面墙面与乳胶漆顶棚交接（4）三维示意图解析

工艺解析

安装 50 系列轻钢龙骨，在顶棚跌级上平面及竖面安装细木工板，并用木龙骨在相接处固定，做出内向凹槽。

为保证收口的美观性，墙面木饰面板与顶棚石膏板相接处做出 5mm 宽的工艺缝。

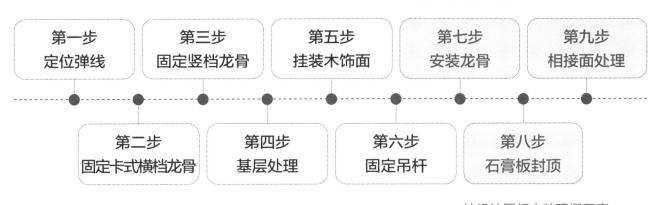

| 第一步
定位弹线 | 第三步
固定竖档龙骨 | 第五步
挂装木饰面 | 第七步
安装龙骨 | 第九步
相接面处理 |

| 第二步
固定卡式横档龙骨 | 第四步
基层处理 | 第六步
固定吊杆 | 第八步
石膏板封顶 |

按设计图纸安装顶棚石膏板，布（牵）线安装暗藏灯带。

挂装木饰面的墙面最大的特点就是可以自由地进行拆卸及改装，方便维修的同时，也避免了不确定性的应力集中导致的板面变形的危险，提高了木饰面挂板的使用寿命，常用在日式或极简风格的餐客厅中。

木饰面墙面与乳胶漆顶棚交接（4）实景效果图

5.6
木饰面墙面与铝板顶棚交接

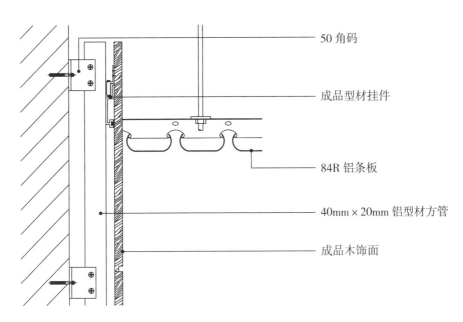

50 角码

成品型材挂件

84R 铝条板

40mm × 20mm 铝型材方管

成品木饰面

木饰面墙面与铝板顶棚交接节点图

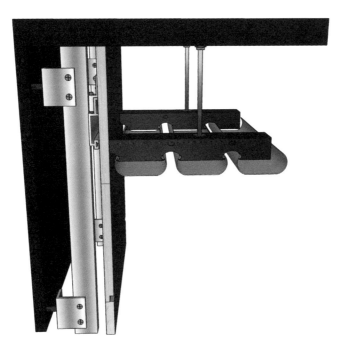

木饰面墙面与铝板顶棚交接三维示意图

扫 / 码 / 观 / 看
"木饰面墙面与铝板顶棚
交接"三维节点动图

195

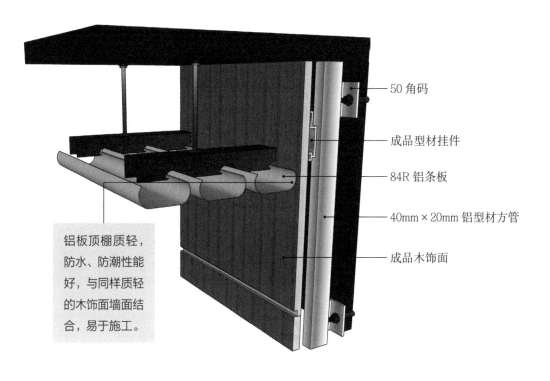

50 角码

成品型材挂件

84R 铝条板

40mm×20mm 铝型材方管

成品木饰面

铝板顶棚质轻，防水、防潮性能好，与同样质轻的木饰面墙面结合，易于施工。

木饰面墙面与铝板顶棚交接三维示意图解析

工艺解析

将成品型材制成的木饰面挂件用螺丝按弹线位置，分别固定在方管表面及成品木饰面背面。

顶棚的型材挂件与木饰面直接相接，铝条板则凹入挂件凹口处，与木饰面无直接的相接点。

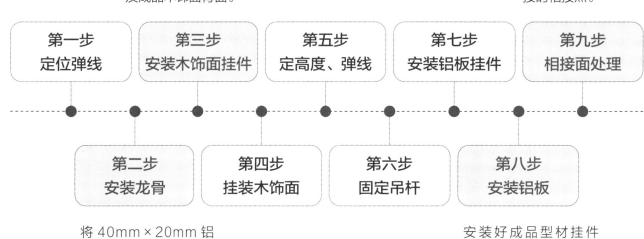

| 第一步 定位弹线 | 第三步 安装木饰面挂件 | 第五步 定高度、弹线 | 第七步 安装铝板挂件 | 第九步 相接面处理 |

| 第二步 安装龙骨 | 第四步 挂装木饰面 | 第六步 固定吊杆 | 第八步 安装铝板 |

将 40mm×20mm 铝型材方管用 50 角码固定于原建筑墙面作为墙面龙骨。

安装好成品型材挂件后，直接将 84R 铝条板压入挂件凹口中即可。

木饰面墙面装饰性好，且具有一定的吸音功能，但其缺点是易燃易腐蚀。与装饰效果良好、色调偏冷的铝板顶棚相接，通常运用于办公空间或会客室中。

木饰面墙面与铝板顶棚交接实景效果图

5.7
墙纸墙面与石膏板顶棚交接

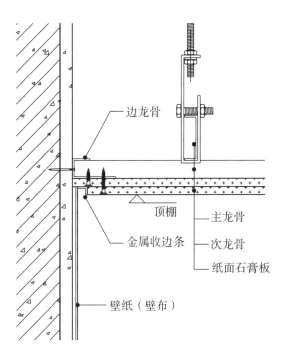

边龙骨

顶棚

主龙骨

金属收边条

次龙骨

纸面石膏板

壁纸（壁布）

墙纸墙面与石膏板顶棚交接节点图

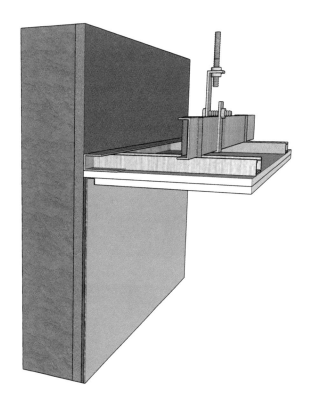

扫 / 码 / 观 / 看
"墙纸墙面与石膏板顶棚
交接"三维节点动图

墙纸墙面与石膏板顶棚交接三维示意图

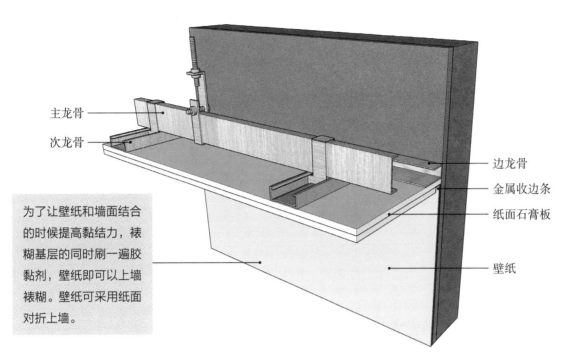

主龙骨

次龙骨

边龙骨

金属收边条

纸面石膏板

壁纸

为了让壁纸和墙面结合的时候提高黏结力，裱糊基层的同时刷一遍胶黏剂，壁纸即可以上墙裱糊。壁纸可采用纸面对折上墙。

墙纸墙面与石膏板顶棚交接三维示意图解析

/ 壁纸的分类 /

PVC 壁纸

特点：有一定的防水性，可用在厨卫，有较强的质感，施工方便。经发泡处理后具有很强的三维立体感，但因其透气性不好，容易发霉

纯纸壁纸

特点：透气性好，吸水防潮，环保性佳，采用数码打印制作，图案清晰细腻，色彩还原性好，但不耐水、不耐擦，通常用于卧室

金属壁纸

特点：具有金碧辉煌的效果，家居空间中适合做小面积的装点。对施工手法的要求较高

无纺壁纸

特点：拉力强，防潮透气，不发霉发黄，无毒无刺激，色彩丰富，材质容易分解，并可回收再利用，属于价格稍高的一类墙纸

天然材料壁纸

特点：采用天然材料简单加工制成，无毒、环保，透气性好，但不耐擦洗。带有浓郁的自然感，装饰效果多样

植绒壁纸

特点：具有绒布般的丝质感，不反光，绿色环保，可吸音，花色繁多，属于高档壁纸，因其极易沾染灰尘，需日常精心打理

工艺解析

第一步：基层处理

基层应平整，同时墙面、顶棚阴阳角垂直方正，墙与顶棚相接处小圆角弧度大小上下一致，表面坚实、平整、洁净、干燥，没有污垢、尘土、沙粒、气泡、空鼓等现象。安装于基面的各种开关、插座、电器盒等突出设置，应先卸下扣盖等影响施工的部件。

第二步：刷界面剂

基层处理经工序检验合格后，在处理好的基层上涂刷防潮底漆及一遍界面剂，要求薄而均匀，墙面要细腻光洁，不应有漏刷或流淌等现象。

第三步：涂刷腻子和基膜

用专用的粉刷腻子在基层上刮三遍腻子，每次需等上一遍腻子干燥后再涂刷下一层，刮完腻子后将其晾干并对墙面进行打磨抛光，再涂刷基膜，加强墙底的防水、防霉功能。

第四步：定位弹线

在顶棚四周弹墨线，并在墙面底层涂料干燥后弹水平线和垂直线，使壁纸粘贴的图案、花纹等纵横连贯。

第五步：涂刷胶黏剂

按基层实际尺寸进行测量，计算墙纸所需用量，并进行裁切。壁纸和墙面刷一遍厚薄均匀的胶黏剂，胶黏剂不能刷得过多、过厚、不均，以防溢出；壁纸避免刷不到位，以防止产生起泡、脱壳、壁纸黏结不牢等现象。

第六步：贴壁纸

首先找好垂直，然后对花纹拼缝，再用刮板将壁纸刮平。拼贴时，注意阳角千万不要有缝，壁纸至少包过阳角150mm，达到拼缝密实、牢固，花纹图案对齐的效果。多余的胶黏剂应沿操作方向刮挤出纸边，并及时用干净、湿润的白毛巾擦干，保持纸面清洁。

第七步：安装吊杆及龙骨

第八步：石膏板封板

第九步：相接面处理

壁纸贴入顶棚纸面石膏板用金属收边条留出的凹槽内，隐入式的相接处使墙面、顶棚的相接更加自然美观，壁纸施工完成后，进行清理修整。

墙纸图案可以通过印刷、压花模具不同图案的配合等，迎合各类室内风格，随心所欲地营造家居氛围，用在客厅时，极易营造出想要的家居风格。

墙纸墙面与石膏板顶棚交接实景效果图

5.8
软硬包墙面与乳胶漆顶棚交接

▶▶ 软硬包墙面与乳胶漆顶棚交接（1）

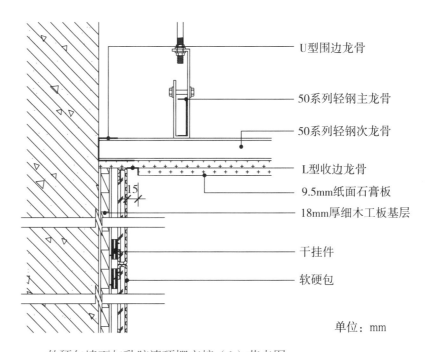

U型围边龙骨

50系列轻钢主龙骨

50系列轻钢次龙骨

L型收边龙骨

9.5mm纸面石膏板

18mm厚细木工板基层

干挂件

软硬包

单位：mm

软硬包墙面与乳胶漆顶棚交接（1）节点图

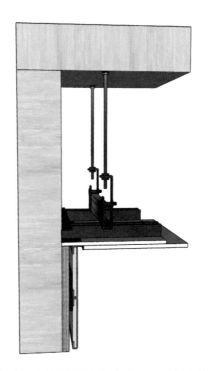

扫 / 码 / 观 / 看
"软硬包墙面与乳胶漆顶
棚交接（1）"三维节点
动图

软硬包墙面与乳胶漆顶棚交接（1）三维示意图

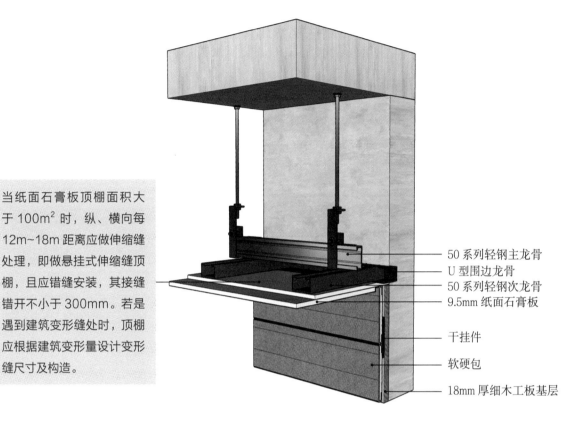

当纸面石膏板顶棚面积大于 100m² 时，纵、横向每 12m~18m 距离应做伸缩缝处理，即做悬挂式伸缩缝顶棚，且应错缝安装，其接缝错开不小于 300mm。若是遇到建筑变形缝处时，顶棚应根据建筑变形量设计变形缝尺寸及构造。

50 系列轻钢主龙骨
U 型围边龙骨
50 系列轻钢次龙骨
9.5mm 纸面石膏板
干挂件
软硬包
18mm 厚细木工板基层

软硬包墙面与乳胶漆顶棚交接（1）三维示意图解析

/ 软硬包材料的选购技巧 /

① 耐脏性
通常情况下，软硬包面料不能清洗，所以在选择面料时，应选择耐脏且防尘性良好的专业软硬包材料。

② 防火性
软硬包的面料一般都是皮革、布料等易燃物，其中的填充料也是海绵类可燃物，所以选购软硬包材料时，应确定选择符合防火要求的材料。

③ 图案
软硬包面料可以选择具有一定花纹图案和纹理质感的材料，不同图案产生的效果不同，不同的角度图案也会发生不一样的变化，从而丰富室内风格。

④ 风格
为营造良好的氛围，软硬包面料应根据室内的风格进行选择，如与窗帘、沙发、床等家具用品进行配套。

⑤ 颜色
选择软硬包颜色时，应考虑不同的色彩对人产生不同影响的特性，如黄色、红色可以让人感到愉悦，可以使用在餐厅；青色、蓝色及绿色可以让人精神舒缓，可以用在卧室等。

工艺解析

第一步：基层处理

墙体抹灰层干燥后，进行空鼓与平整度检测，并根据地区气候环境等要求，判断是否需要对墙体进行防潮、防腐、防火"三防"处理。

第二步：定位弹线

根据施工图纸在墙面弹出水平及竖向的安装线，并通过水准仪弹出墙面各个方向的控制线。

第三步：材料加工

按图纸要求将软硬包布料及填充料进行排版分割，尽量做到横向通缝、板块均等。在菱形拼花时需考虑布料幅宽降低损耗，尖角角度不宜太小。

第四步：安装底板

将 18mm 细木工板墙面固定进行找平，再将干挂件与细木工板固定。

第五步：粘贴面料

将软硬包皮革与多层板平整粘贴，将制作好的软硬包模块用干挂件固定在细木工板基层上。

第六步：安装贴面或装饰边线

将加工好的贴面或装饰边线刷好油漆，经试拼达到设计要求后，安装贴面或装饰边线，刷镶边油漆成活。

第七步：安装吊杆及龙骨

第八步：石膏板封板

第九步：相接面处理

在次龙骨下固定的首层纸面石膏板与软硬包布料直接相接，对第二层石膏板边角进行倒角处理，并在距软硬包墙面约 5mm 处用枪钉与首层石膏板固定安装。

硬包墙面相较软包墙面舒适度较低，但价格便宜且不易脏污，在高档酒店、会所、KTV 等商业建筑内较为常见。

软硬包墙面与乳胶漆顶棚交接（1）实景效果图

►► **软硬包墙面与乳胶漆顶棚交接（2）**

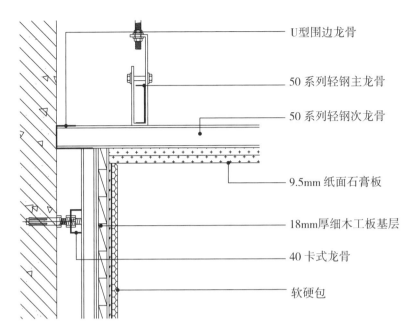

　　　　　　　　　　　　　　　　　　　　　——— U型围边龙骨

　　　　　　　　　　　　　　　　　　　　　——— 50系列轻钢主龙骨

　　　　　　　　　　　　　　　　　　　　　——— 50系列轻钢次龙骨

　　　　　　　　　　　　　　　　　　　　　——— 9.5mm纸面石膏板

　　　　　　　　　　　　　　　　　　　　　——— 18mm厚细木工板基层

　　　　　　　　　　　　　　　　　　　　　——— 40卡式龙骨

　　　　　　　　　　　　　　　　　　　　　——— 软硬包

软硬包墙面与乳胶漆顶棚交接（2）节点图

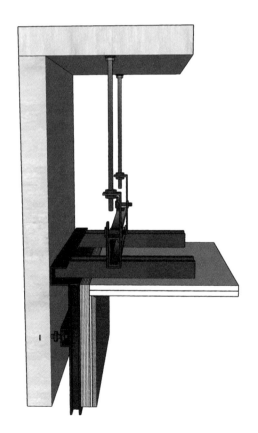

软硬包墙面与乳胶漆顶棚交接（2）三维示意图

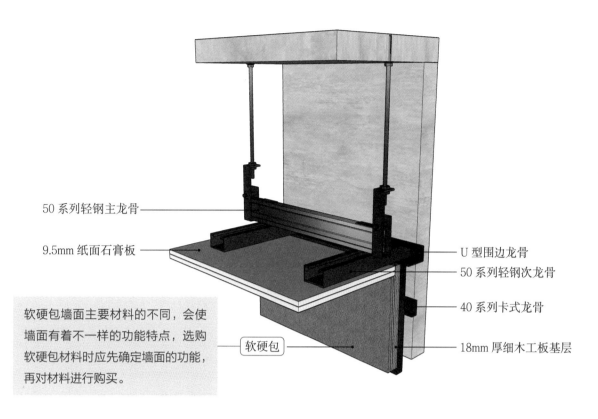

50 系列轻钢主龙骨

9.5mm 纸面石膏板

U 型围边龙骨
50 系列轻钢次龙骨
40 系列卡式龙骨
18mm 厚细木工板基层

软硬包墙面主要材料的不同，会使墙面有着不一样的功能特点，选购软硬包材料时应先确定墙面的功能，再对材料进行购买。

软硬包

软硬包墙面与乳胶漆顶棚交接（2）三维示意图解析

工艺解析

墙面基层涂刷清油或防腐涂料，沥青油毡不得用作防潮层，墙面应待干燥后再进行施工作业。

用膨胀螺栓将 40 系列卡式龙骨固定在墙面。

原建筑墙面与顶棚 50 系列轻钢次龙骨用 U 型围边龙骨连接。软硬包墙面则与顶棚纸面石膏板直接相接，边缘处注胶填缝。

| 第一步 基层处理 | 第三步 安装龙骨 | 第五步 粘贴面料 | 第七步 安装吊杆及龙骨 | 第九步 相接面处理 |

| 第二步 定位弹线 | 第四步 材料加工、安装底板 | 第六步 安装贴面或装饰边线 | 第八步 石膏板封板 |

软硬包独特的材质带给人舒适的感觉，
较常运用在小型餐厅、酒吧中。

软硬包墙面与乳胶漆顶棚交接（2）实景效果图

▶▶ **软硬包墙面与乳胶漆顶棚交接（3）**

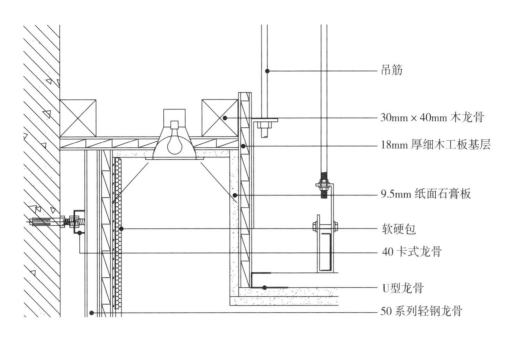

吊筋

30mm×40mm 木龙骨

18mm 厚细木工板基层

9.5mm 纸面石膏板

软硬包

40 卡式龙骨

U 型龙骨

50 系列轻钢龙骨

软硬包墙面与乳胶漆顶棚交接（3）节点图

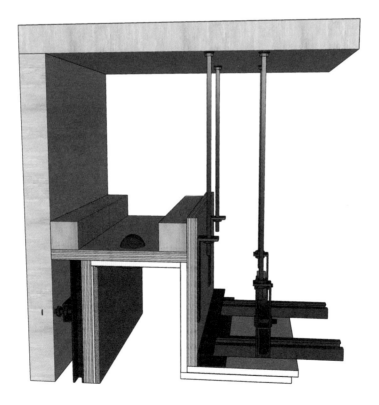

软硬包墙面与乳胶漆顶棚交接（3）三维示意图

扫 / 码 / 观 / 看
"软硬包墙面与乳胶漆顶
棚交接（3）"三维节点
动图

209

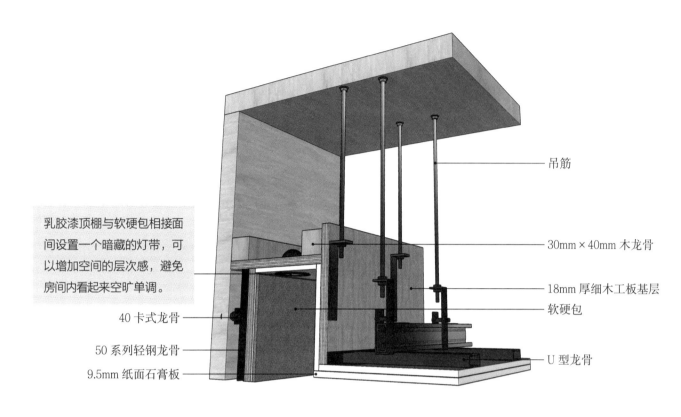

乳胶漆顶棚与软硬包相接面间设置一个暗藏的灯带，可以增加空间的层次感，避免房间内看起来空旷单调。

吊筋

30mm×40mm 木龙骨

18mm 厚细木工板基层

软硬包

U 型龙骨

40 卡式龙骨

50 系列轻钢龙骨

9.5mm 纸面石膏板

软硬包墙面与乳胶漆顶棚交接（3）三维示意图解析

工艺解析

用膨胀螺栓将 40 卡式龙骨固定在混凝土墙上，中距 450mm，将 50 系列轻钢龙骨与卡式龙骨卡槽连接固定，中距 300mm。

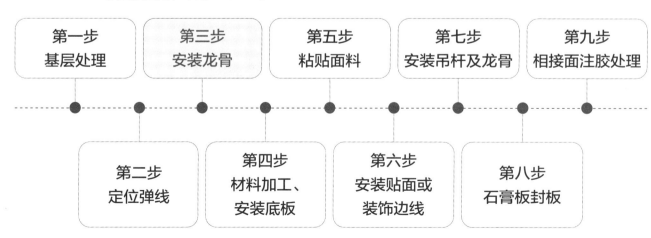

| 第一步
基层处理 | 第三步
安装龙骨 | 第五步
粘贴面料 | 第七步
安装吊杆及龙骨 | 第九步
相接面注胶处理 |

| 第二步
定位弹线 | 第四步
材料加工、安装底板 | 第六步
安装贴面或装饰边线 | 第八步
石膏板封板 |

采用极简的软硬包布料颜色进行搭配，既能简单地体现出高级感，还能给人以干练的好印象，用在客厅或办公空间的会客厅是较优的选择。

软硬包墙面与乳胶漆顶棚交接（3）实景效果图

▶▶ 软硬包墙面与乳胶漆顶棚交接（4）

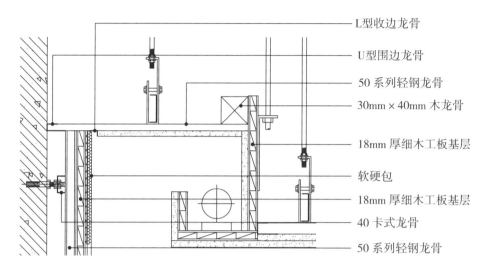

L型收边龙骨

U型围边龙骨

50 系列轻钢龙骨

30mm × 40mm 木龙骨

18mm 厚细木工板基层

软硬包

18mm 厚细木工板基层

40 卡式龙骨

50 系列轻钢龙骨

软硬包墙面与乳胶漆顶棚交接（4）节点图

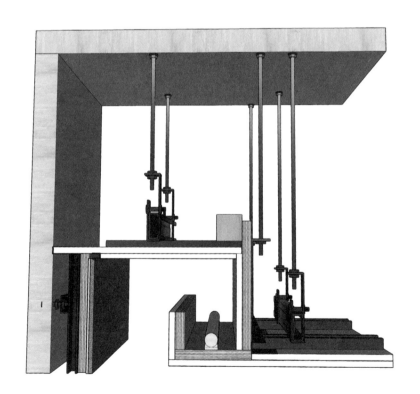

软硬包墙面与乳胶漆顶棚交接（4）三维示意图

扫 / 码 / 观 / 看
"软硬包墙面与乳胶漆顶
棚交接（4）"三维节点
动图

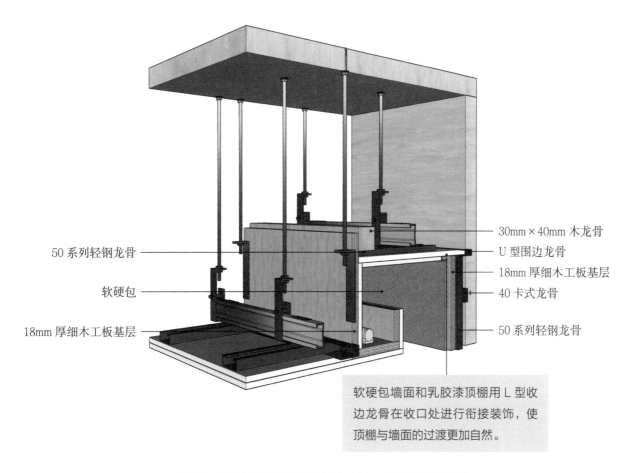

50 系列轻钢龙骨

软硬包

18mm 厚细木工板基层

30mm×40mm 木龙骨

U 型围边龙骨

18mm 厚细木工板基层

40 卡式龙骨

50 系列轻钢龙骨

软硬包墙面和乳胶漆顶棚用 L 型收边龙骨在收口处进行衔接装饰，使顶棚与墙面的过渡更加自然。

软硬包墙面与乳胶漆顶棚交接（4）三维示意图解析

工艺解析

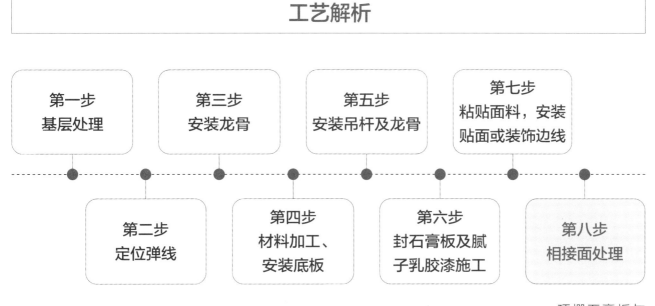

第一步
基层处理

第二步
定位弹线

第三步
安装龙骨

第四步
材料加工、
安装底板

第五步
安装吊杆及龙骨

第六步
封石膏板及腻子乳胶漆施工

第七步
粘贴面料，安装贴面或装饰边线

第八步
相接面处理

顶棚石膏板与墙面软硬包通过L型收边龙骨进行安装，安装暗藏灯带。

紫色绒面的软硬包与同色系的乳胶漆顶棚相接，给人以优雅、神秘的感觉，用在家居空间的客厅中是一个较为不错的选择。

软硬包墙面与乳胶漆顶棚交接（4）实景效果图

5.9
银镜墙面与石膏板顶棚交接

▶▶ 银镜墙面与石膏板顶棚交接（1）

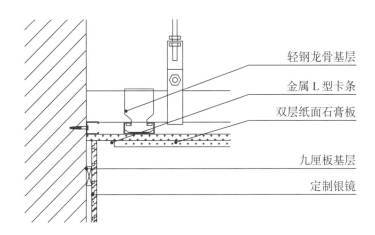

轻钢龙骨基层

金属L型卡条

双层纸面石膏板

九厘板基层

定制银镜

银镜墙面与石膏板顶棚交接（1）节点图

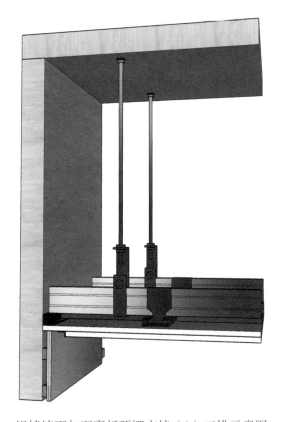

银镜墙面与石膏板顶棚交接（1）三维示意图

扫／码／观／看
"银镜墙面与石膏板顶棚
交接（1）"三维节点动图

215

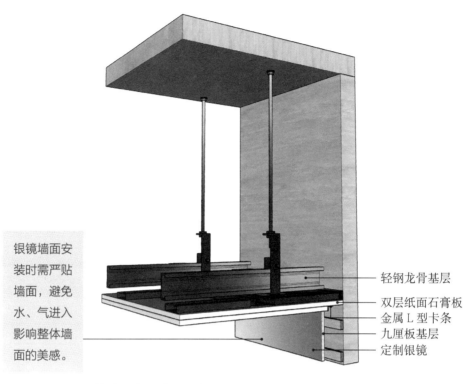

银镜墙面安装时需严贴墙面，避免水、气进入影响整体墙面的美感。

轻钢龙骨基层
双层纸面石膏板
金属 L 型卡条
九厘板基层
定制银镜

银镜墙面与石膏板顶棚交接（1）三维示意图解析

工艺解析

将 9mm 厚细木工板背面刷清油或桐油，晾干后，把细木工板用墙钉固定在墙面作为基层。

第一步
基层处理

第三步
安装基层板

第五步
安装吊杆

第七步
封石膏板及腻子乳胶漆施工

第二步
测量放线

第四步
粘贴银镜墙面及成品保护

第六步
安装龙骨

第八步
相接面处理

根据设计图纸测量尺寸放线，并弹出顶棚吊杆、轻钢龙骨等构件的安装线

将银镜分段粘贴固定在细木工板上，分段处用白色烤漆不锈钢做截断点与细木工板固定。

在石膏板与银镜相隔凹口处用金属 L 型卡条进行收口过渡。

银镜贴黑膜与喷涂白漆的石膏板顶棚用在卧室，可以
使整个卧室充满现代时尚感，且镜面可以增加空间感。

银镜墙面与石膏板顶棚交接（1）实景效果图

►► **银镜墙面与石膏板顶棚交接（2）**

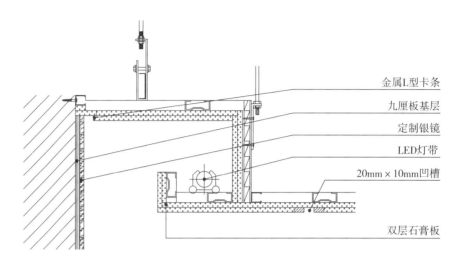

金属L型卡条
九厘板基层
定制银镜
LED灯带
20mm×10mm凹槽
双层石膏板

银镜墙面与石膏板顶棚交接（2）节点图

银镜墙面与石膏板顶棚交接（2）三维示意图

扫 / 码 / 观 / 看
"银镜墙面与石膏板顶棚
交接（2）"三维节点动图

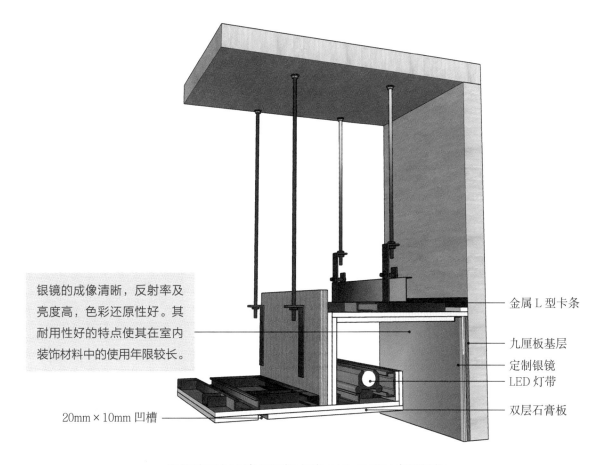

银镜的成像清晰，反射率及亮度高，色彩还原性好。其耐用性好的特点使其在室内装饰材料中的使用年限较长。

金属 L 型卡条

九厘板基层

定制银镜

LED 灯带

双层石膏板

20mm×10mm 凹槽

银镜墙面与石膏板顶棚交接（2）三维示意图解析

工艺解析

先安装第一层纸面石膏板，用自攻螺丝与龙骨进行固定，在第二层纸面石膏板上预留 20mm×10mm 的凹槽后，用自攻螺丝与龙骨进行固定。

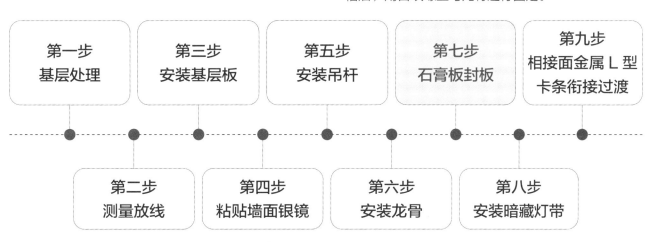

| 第一步
基层处理 | 第三步
安装基层板 | 第五步
安装吊杆 | 第七步
石膏板封板 | 第九步
相接面金属 L 型
卡条衔接过渡 |

| 第二步
测量放线 | 第四步
粘贴墙面银镜 | 第六步
安装龙骨 | 第八步
安装暗藏灯带 |

狭长走廊的墙面采用银镜墙面，可以让走廊视觉上的拥挤感消失，让走廊显得更加宽敞。

银镜墙面与石膏板顶棚交接（2）实景效果图

5.10
不锈钢墙面与石膏板顶棚交接

▶▶ 不锈钢墙面与石膏板顶棚交接（1）

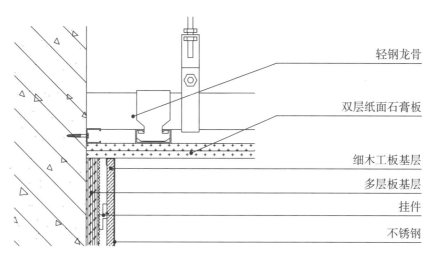

轻钢龙骨

双层纸面石膏板

细木工板基层

多层板基层

挂件

不锈钢

不锈钢墙面与石膏板顶棚交接（1）节点图

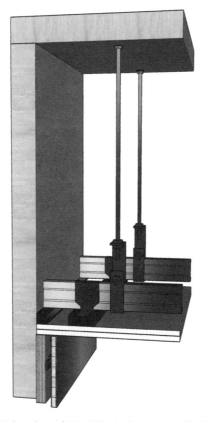

不锈钢墙面与石膏板顶棚交接（1）三维示意图

扫 / 码 / 观 / 看
"不锈钢墙面与石膏顶
棚交接（1）"三维节点
动图

不锈钢墙面的表面应平整、洁净、色泽均匀，无划痕、翘曲，无波形折光，搭接严密无缝隙。金属板接头、接缝平整。

轻钢龙骨

双层纸面石膏板

不锈钢

挂件

多层板基层

细木工板基层

不锈钢墙面与石膏板顶棚交接（1）三维示意图解析

工艺解析

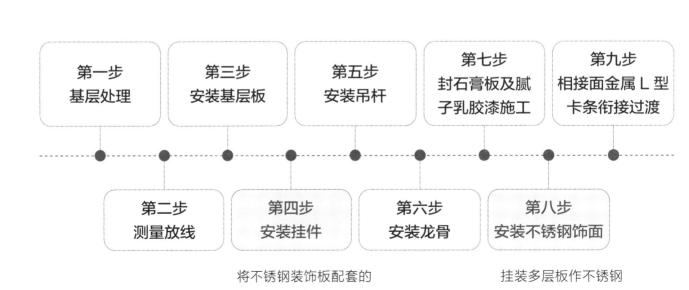

| 第一步 基层处理 | 第三步 安装基层板 | 第五步 安装吊杆 | 第七步 封石膏板及腻子乳胶漆施工 | 第九步 相接面金属 L 型卡条衔接过渡 |

| 第二步 测量放线 | 第四步 安装挂件 | 第六步 安装龙骨 | 第八步 安装不锈钢饰面 |

将不锈钢装饰板配套的挂件用自攻螺丝固定。

挂装多层板作不锈钢基层，将不锈钢饰面用专用胶粘贴在多层板上。

电梯间的墙面使用不锈钢，可以拉长视觉距离，使狭小的空间不显得过于局促。

16	43-45
15	40-42
14	37-39
13	34-36
12	31-33
11	28-30
10	25-27
9	22-24
8	19-21
7	16-18
6	13-15
5	10-12
4	7-9
3	4-6
2	1-3

block A

不锈钢墙面与石膏板顶棚交接（1）实景效果图

▶▶ 不锈钢墙面与石膏板顶棚交接（2）

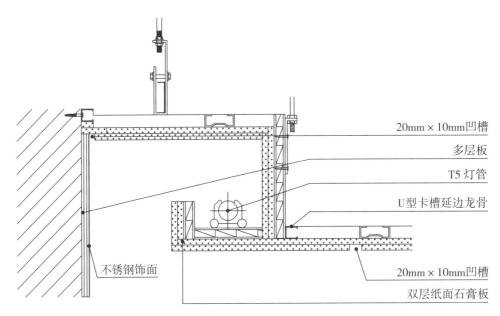

20mm × 10mm凹槽

多层板

T5 灯管

U型卡槽延边龙骨

不锈钢饰面

20mm × 10mm凹槽

双层纸面石膏板

不锈钢墙面与石膏板顶棚交接（2）节点图

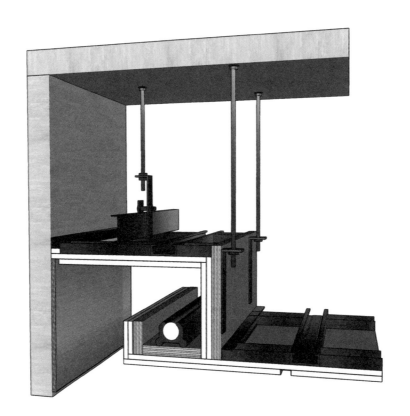

不锈钢墙面与石膏板顶棚交接（2）三维示意图

扫 / 码 / 观 / 看
"不锈钢墙面与石膏板顶棚交接（2）"三维节点动图

不锈钢耐腐蚀性和耐高温性很强，但是成本会比普通钢要高，其效果也会比较单一，不太适合用在小居室空间当中。

20mm×10mm 凹槽

不锈钢饰面

T5 灯管

U 型卡槽延边龙骨

双层纸面石膏板

20mm×10mm 凹槽

不锈钢墙面与石膏板顶棚交接（2）三维示意图解析

工艺解析

跌级石膏板顶棚安装完竖向细木工板后，用 U 型卡槽延边龙骨对细木工板进行卡接固定。第二层纸面石膏板做 20mm×10mm 的凹槽，并安装 T5 灯管。

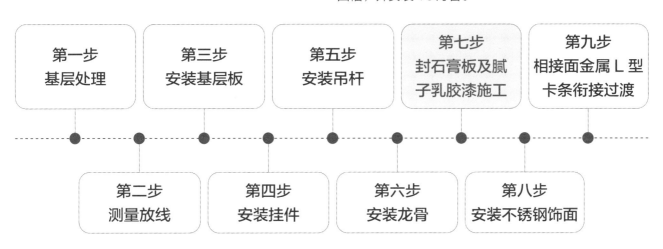

第一步
基层处理

第三步
安装基层板

第五步
安装吊杆

第七步
封石膏板及腻子乳胶漆施工

第九步
相接面金属 L 型卡条衔接过渡

第二步
测量放线

第四步
安装挂件

第六步
安装龙骨

第八步
安装不锈钢饰面

不锈钢墙面与石膏板相接处做出灯带，可以不突兀地
柔和室内光线，适用于酒店大堂等商业建筑中。

不锈钢墙面与石膏板顶棚交接（2）实景效果图

5.11
GRG 墙面与乳胶漆顶棚交接

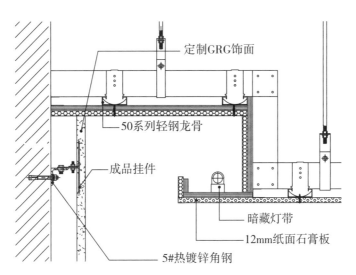

定制GRG饰面

50系列轻钢龙骨

成品挂件

暗藏灯带

12mm纸面石膏板

5#热镀锌角钢

GRG 墙面与乳胶漆顶棚交接节点图

GRG 墙面与乳胶漆顶棚交接三维示意图

扫 / 码 / 观 / 看
"GRG 墙面与乳胶漆顶棚
交接"三维节点动图

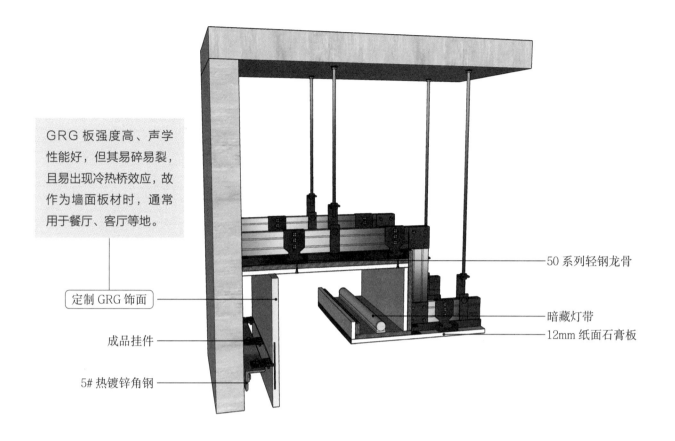

GRG 板强度高、声学
性能好，但其易碎易裂，
且易出现冷热桥效应，故
作为墙面板材时，通常
用于餐厅、客厅等地。

定制 GRG 饰面

成品挂件

5# 热镀锌角钢

50 系列轻钢龙骨

暗藏灯带

12mm 纸面石膏板

GRG 墙面与乳胶漆顶棚交接三维示意图解析

/ GRG 材料的优势 /

① 不变形

GRG 的主要材料石膏对玻璃纤维没有任何的腐蚀作用，且其干式吸收率小于 0.04%，由此可以确保其稳定的性能，使其经久耐用，不龟裂变形，使用寿命长。

② 环保

GRG 板材无任何气味，其放射性元素经检测符合 A 类装饰材料的标准。

③ 防火

GRG 材料属于一级防火材料，火灾发生时，它除了起到阻燃的作用外，本身还能释放其自身重量15%~20% 的水分，大幅降低温度的同时，也能够减小一定的火灾损失。

④ 声学效果好

在经过良好的造型设计后，GRG 板可以构成良好的吸声结构，达到隔音和吸音的功效。

⑤ 质量轻

GRG 材料的厚度一般为 3mm~8mm，而其每平方米的重量只有 7 千克 ~16 千克，使用它作为墙面材料，可以有效地减轻主体建筑的重量和负载。

工艺解析

第一步：切割隔墙板

GRG 轻质隔墙板的宽度在 600mm~1200mm，长度在 2500mm~4000mm。将所购买的隔墙板预排列在墙面中，并根据其尺寸计算用量，多余的部分使用手持电锯切割掉。

第二步：定位放线

使用卷尺测量 GRG 轻质隔墙板的厚度。常见的隔墙板厚度有 90mm、120mm、150mm 三种规格。在砌筑 GRG 轻质隔墙板的轴线上弹线，按照隔墙板厚度弹双线，分别固定在上、下两端。

第三步：安装龙骨

轻钢龙骨与 50mm×5mm 的镀锌角码焊接。5# 热镀锌角钢通过膨胀螺栓与建筑墙体固定。

第四步：安装挂件

将裁切好尺寸的 GRG 挂板预埋挂件用螺栓安装在 5# 热镀锌角钢上。

第五步：挂装 GRG

将 GRG 挂板从下而上安装，面板和建筑墙体之间用配套的挂件进行连接，先将同一水平层的挂板轻挂在角钢上，调整好面板的水平、垂直度还有板缝宽度后，拧紧不锈钢螺栓后再进行上层板材的安装。

第六步：嵌缝

用白乳胶粘贴网格布，并用颗粒细度较高、质地较硬的专用腻子批刮 2~3 遍进行嵌缝，以增加墙体的防裂性能。嵌缝过后可以在板面涂刷涂料或用其他饰面装饰墙面。

第七步：安装吊杆及龙骨

第八步：石膏板封板

第九步：相接面处理

墙面 GRG 饰面板与顶棚刷乳胶漆的石膏板直接相接，可选用颜色相近的水泥浆或透明玻璃胶进行嵌缝处理。

不同色彩与形状的 GRG 板拼接而成的墙面与
乳胶漆顶棚相接，可以设置在面积较大的居室
中，增加空间的趣味性。

GRG 墙面与乳胶漆顶棚交接实景效果图

6

墙面与地面交接处节点

在室内设计中，墙面往往指的是墙体的外饰面，地面则是指建筑物内部楼层表面的铺筑面。现代的室内设计师往往通过墙地面色彩、质感的变化来美化室内环境、调节室内亮度，并通过选用不同性能的材料来实现多方面的使用功能，故不同材料的墙地面交接也是我们所需关注的重点。

本章列举出 10 类不同材料的墙地面交接的节点，并对交接处的节点处理的施工工艺、相关适用场景以及注意事项进行详细说明。

6.1

木饰面墙面与石材地面交接

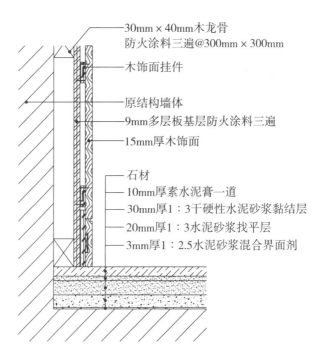

30mm×40mm木龙骨
防火涂料三遍@300mm×300mm

木饰面挂件

原结构墙体

9mm多层板基层防火涂料三遍

15mm厚木饰面

石材
10mm厚素水泥膏一道
30mm厚1:3干硬性水泥砂浆黏结层
20mm厚1:3水泥砂浆找平层
3mm厚1:2.5水泥砂浆混合界面剂

木饰面墙面与石材地面交接节点图

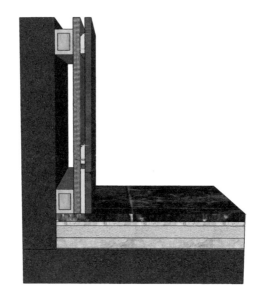

木饰面墙面与石材地面交接三维示意图

扫 / 码 / 观 / 看
"木饰面墙面与石材地面
交接"三维节点动图

木饰面板，也称装饰单板贴面胶合板，它是将天然木材或科技木刨切成一定厚度的薄片（通常大于 0.2mm），黏附于胶合板表面，经热压而成的一种板材，种类繁多，施工简单，是目前应用较广泛的室内装修、家具制作的表面材料。

木饰面

30mm×40mm 木龙骨
防火涂料三遍 @300mm×300mm
9mm 多层板基层防火涂料三遍

木饰面挂件

石材

10mm 厚素水泥膏一道
20mm 厚 1：3 水泥砂浆找平层

30mm 厚 1：3 干硬性水泥砂浆黏结层
3mm 厚 1：2.5 水泥砂浆混合界面剂

木饰面墙面与石材地面交接三维示意图解析

/ 人造木饰面板的分类 /

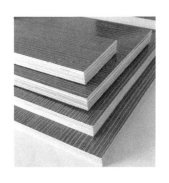

胶合板

来源：木段或木方刨切的木皮或薄木

用途：墙壁、地板及家具基层

刨花板

来源：木材或其他木质纤维的碎料

用途：墙壁及家具基层，部分可饰面

密度板

来源：木质纤维或其他植物纤维

用途：墙壁及家具基层

集成材

来源：天然木材的短小料

用途：墙壁及家具基层或饰面

工艺解析

第一步：基层处理

清理墙地面基层上的浮浆、油污、涂料、凸起物等影响黏结强度的物质。

第二步：地面找平

地面基层洒水，先刷一层 3mm 厚的 1：2.5 比例的水泥砂浆混合界面剂，再按照 1：3 的比例用水泥和沙进行配比合成水泥砂浆做 20mm 厚的地面找平，找平层平整度不应小于 3mm。

第三步：黏结层施工

在已完成的水泥砂浆找平层上刮一层 30mm 厚的 1：3 比例的干硬性水泥砂浆做黏结层，用 10mm 厚的素水泥膏做黏结，均匀地批涂在石材背面，可以将石材和黏接层更好地黏结在一起。

第四步：铺贴地面石材

结合施工图及房间实际尺寸，试铺石材，以确定板块之间的缝隙，并对板块与墙面、柱、洞口等部位的石材位置进行核对。按试铺顺序，先里后外地分段铺贴石材，选择与石材颜色相同的稀水泥浆灌缝、擦平。

第五步：定位弹线

根据设计图纸，弹出墙面中心线、边线以及门窗洞口线、下槛龙骨安装基准线。

第六步：固定墙面木龙骨

先安装靠墙立筋，再安装上、下槛。把经防火防腐处理的 30mm× 40mm 木龙骨按间距 300mm 用钢钉和木楔固定在原建筑墙体中。

第七步：墙面找平

对防火涂料三遍涂刷的 12mm 厚的多层板基层进行找平处理，并用钢钉将多层板与龙骨固定。木饰板挂条用枪钉与多层板固定，挂条背面刷胶与木饰面固定。

第八步：挂装木饰面

从中间开始向外挂装固定 15mm 厚成品木饰面，面层涂刷清漆，调整平整度后用胶钉固定。

第九步：相接面处理

墙地面石材接缝处用填缝剂进行勾缝，或用美缝剂做美缝。施工完成后，用棉纱团蘸湿将板面上的水泥浆擦净，使石材面层的表面洁净、平整、坚实。

具有天然花纹的木饰面墙面与石材地面交接，运用在商用空间（如酒吧、居酒屋等）时，可以使室内充满自然的气息。

木饰面墙面与石材地面交接实景效果图

6.2
木饰面墙面与地毯地面交接

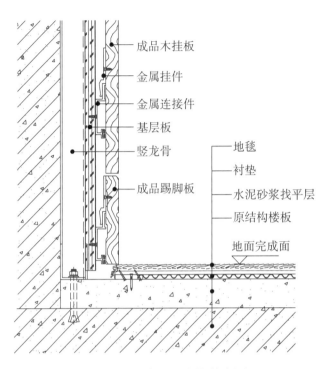

成品木挂板
金属挂件
金属连接件
基层板
竖龙骨
成品踢脚板

地毯
衬垫
水泥砂浆找平层
原结构楼板

地面完成面

木饰面墙面与地毯地面交接节点图

扫 / 码 / 观 / 看
"木饰面墙面与地毯地面
交接"三维节点动图

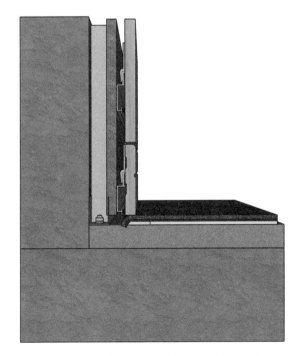

木饰面墙面与地毯地面交接三维示意图

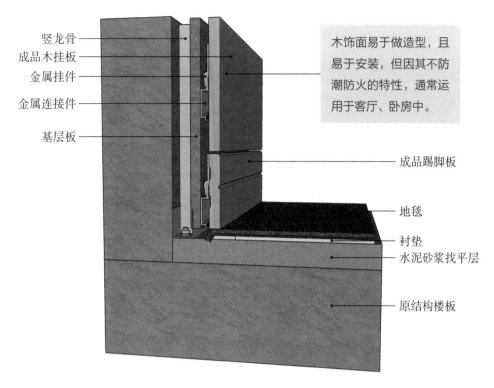

竖龙骨
成品木挂板
金属挂件
金属连接件
基层板

木饰面易于做造型，且易于安装，但因其不防潮防火的特性，通常运用于客厅、卧房中。

成品踢脚板
地毯
衬垫
水泥砂浆找平层
原结构楼板

木饰面墙面与地毯地面交接三维示意图解析

/ 地毯的选购要点 /

① 材质辨别

简单的鉴别方法一般采取燃烧法和手感、观察相结合的方法，棉的燃烧速度快，灰末细而软，其气味似燃烧纸张，纤维细而无弹性，无光泽；羊毛燃烧速度慢，有烟有泡，灰多且呈脆块状，其气味似燃烧头发；化纤及混纺地毯燃烧后熔融成胶体并可拉成丝状。

② 绒头密度

观察地毯的绒头密度，产品的绒头质量高，地毯弹性好、耐踩踏、耐磨损、舒适耐用。

③ 色牢度

选择地毯时，可用手或布在毯面上反复摩擦数次，看手或布上是否沾有颜色，如果沾有颜色，则说明该产品的色牢度不佳，易出现变色和掉色。

④ 外观质量

查看地毯的毯面是否平整，毯边是否平直，有无瑕疵、油污斑点、色差，避免地毯在铺设使用中出现起鼓、不平等现象，失去舒适、美观的效果。

工艺解析

第一步：基层处理

清理墙地面基层，在基层地面涂刷一层界面剂，做水泥砂浆找平层。

第二步：定位弹线

按图纸的设计要求弹出隔墙的四周边线，同时按面板的长、宽分档，以确定龙骨的位置。如果原建筑基面有凹凸不平的现象，要进行处理，以保证龙骨安装后的平整度。

第三步：安装墙面龙骨

龙骨边线与弹线重合，先用金属膨胀螺栓把沿地、沿顶龙骨固定，再将竖向龙骨套用抽芯铆钉或自攻螺丝与顶地龙骨固定。龙骨与墙体间要先进行密封处理，再安装固定。

第四步：安装墙面基层板

对基层板进行阻燃处理，一般用U形固定夹将基层板与竖龙骨紧密贴合在一起，再用自攻螺丝进行固定，安装时从上往下或由中间向两头固定。为避免今后收缩变形，板与板拼接处应留3mm~5mm的缝隙。

第五步：安装金属挂件

在基层板表面、成品木挂板背面以及成品踢脚板背面安装对应的金属挂件及金属连接件。

第六步：挂装木饰面

成品木挂板间留有3mm~5mm的结构缝，通过干挂法直接将其吊挂或空挂于基层板上。

第七步：铺贴衬垫

选择橡胶海绵衬垫，并将衬垫用细钉与水泥砂浆找平层固定。

第八步：铺贴地毯

先缝合地毯，将裁好的地毯虚铺在衬垫上，然后将地毯卷起，在地毯的拼缝处用烫带或狭条麻条带进行黏结，用塑料胶纸贴于缝合处，保护接缝处不被划破或勾起。铺贴地毯时，用地毯撑子向两边撑拉，挂在倒刺条上，再沿墙边刷两条胶黏剂，将地毯压平掩边。

第九步：相接面处理

挂装成品踢脚板，在踢脚板与地毯相接处，地毯用细钉倾斜与衬垫固定，且踢脚板压地毯一段，以保证地毯的平整。踢脚板与木挂板间的接缝应做胶黏处理。

吸声的木饰面墙面与消音的地毯地面相结合，适用于对降噪隔声具有一定要求的居室，如客厅、卧室等地。

木饰面墙面与地毯地面交接实景效果图

6.3

银镜墙面与石材地面交接

▶▶ 银镜墙面与石材地面交接（1）

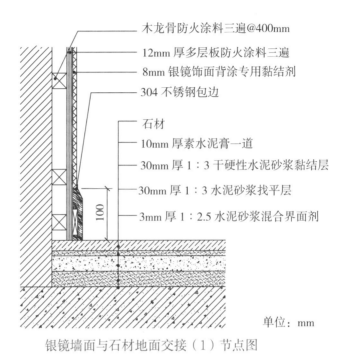

木龙骨防火涂料三遍@400mm

12mm 厚多层板防火涂料三遍

8mm 银镜饰面背涂专用黏结剂

304 不锈钢包边

石材

10mm 厚素水泥膏一道

30mm 厚 1：3 干硬性水泥砂浆黏结层

30mm 厚 1：3 水泥砂浆找平层

3mm 厚 1：2.5 水泥砂浆混合界面剂

单位：mm

银镜墙面与石材地面交接（1）节点图

扫 / 码 / 观 / 看
"银镜墙面与石材地面交
接（1）"三维节点动图

银镜墙面与石材地面交接（1）三维示意图

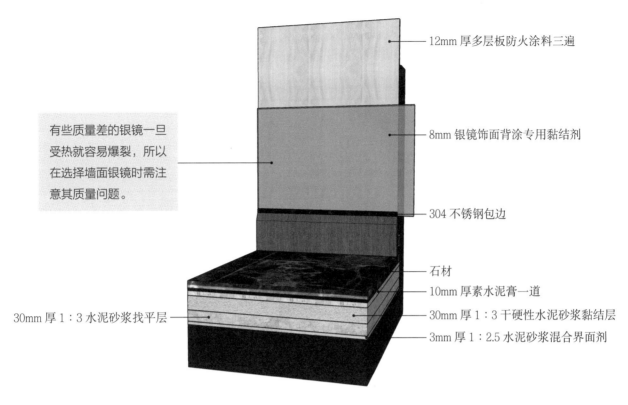

有些质量差的银镜一旦受热就容易爆裂，所以在选择墙面银镜时需注意其质量问题。

12mm 厚多层板防火涂料三遍

8mm 银镜饰面背涂专用黏结剂

304 不锈钢包边

石材

10mm 厚素水泥膏一道

30mm 厚 1:3 水泥砂浆找平层

30mm 厚 1:3 干硬性水泥砂浆黏结层

3mm 厚 1:2.5 水泥砂浆混合界面剂

银镜墙面与石材地面交接（1）三维示意图解析

工艺解析

| 第一步
基层处理及
地面找平 | 第三步
铺贴地面石材 | 第五步
固定墙面木龙骨 | 第七步
安装踢脚线 | 第九步
相接面处理 |

第二步
黏结层施工

第四步
定位弹线

第六步
墙面找平

第八步
贴装银镜饰面

在 8mm 厚银镜饰面背面及 12mm 厚多层板表面涂专用黏结剂，按弹线将银镜与多层板黏合固定后，将银镜与踢脚线的接缝处用 304 不锈钢做包边处理。

银镜墙面与石材地面均属于易于清洁
的材料，多设于厨房、浴室等易产生
污渍的空间。

银镜墙面与石材地面交接（1）实景效果图

►► 银镜墙面与石材地面交接（2）

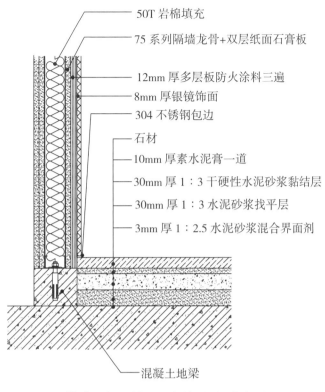

- 50T 岩棉填充
- 75 系列隔墙龙骨+双层纸面石膏板
- 12mm 厚多层板防火涂料三遍
- 8mm 厚银镜饰面
- 304 不锈钢包边
- 石材
- 10mm 厚素水泥膏一道
- 30mm 厚 1∶3 干硬性水泥砂浆黏结层
- 30mm 厚 1∶3 水泥砂浆找平层
- 3mm 厚 1∶2.5 水泥砂浆混合界面剂
- 混凝土地梁

银镜墙面与石材地面交接（2）节点图

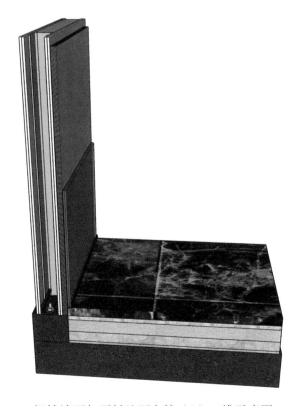

银镜墙面与石材地面交接（2）三维示意图

扫 / 码 / 观 / 看
"银镜墙面与石材地面交接（2）"三维节点动图

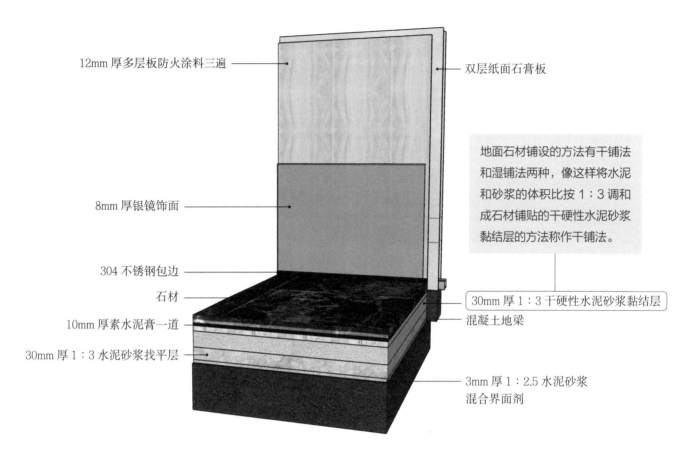

12mm 厚多层板防火涂料三遍

双层纸面石膏板

地面石材铺设的方法有干铺法和湿铺法两种，像这样将水泥和砂浆的体积比按 1：3 调和成石材铺贴的干硬性水泥砂浆黏结层的方法称作干铺法。

8mm 厚银镜饰面

304 不锈钢包边

石材

10mm 厚素水泥膏一道

30mm 厚 1：3 水泥砂浆找平层

30mm 厚 1：3 干硬性水泥砂浆黏结层

混凝土地梁

3mm 厚 1：2.5 水泥砂浆混合界面剂

银镜墙面与石材地面交接（2）三维示意图解析

/ 银镜、灰镜与茶镜 /

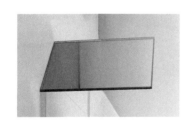

银镜

银镜，是玻璃镜子的一种，主要是指背面反射层为白银的玻璃镜子。根据背面镀层的材料不同，银镜可分为镀铝玻璃镜和镀银玻璃镜。银镜广泛应用于家具、工艺品、装饰装修、浴室镜子、光学镜子以及汽车后视镜等

灰镜

灰镜是一种应用广泛的装饰用镜，一般被划分为色镜的类别。其制作工艺主要是在灰色玻璃上镀一层银粉，再粉刷一层或数层高抗腐蚀性环保油漆，经一系列美化和切割工艺制作而成，具有更好的稳定性及更长的使用寿命

茶镜

茶镜是用茶晶或茶色玻璃支撑的银镜，是装饰用银镜的一种，相较银镜和灰镜，在生活及家装中的应用较少

工艺解析

第一步：定位弹线

在符合设计条件的地面或地枕带上，以施工图为依据，放出隔墙位置线、门窗洞口边框线及各龙骨的安装位置线。

第二步：现浇混凝土地梁

在所有轻钢龙骨隔断下部楼板处现浇细石混凝土地梁，墙角点、端点处必须设钢筋。

第三步：安装龙骨

采用 75 系列隔墙龙骨。按位置线以 600mm 的间距将天龙骨及地龙骨主体固定连接。在安装天地龙骨后，根据隔墙放线的门洞口位置及分档位置安装竖向龙骨，其上下两端分别插入天地龙骨，竖龙骨安装完毕后设有贯通龙骨，采用支撑卡与竖龙骨固定。

第四步：安装一侧石膏板

如隔墙上有门洞口，则从门口处开始安装。无门洞口墙体的安装从墙的一端开始，一般用自攻螺丝对石膏板进行固定，只有纸面石膏板紧靠龙骨时，才可用自攻螺丝进行固定。

第五步：安装另一侧石膏板及填充材料

安装方法同第一侧纸面石膏板，其接缝应与第一侧面板错开，墙体内填充材料（如岩棉）的铺放应铺满铺平，且与另一侧石膏板的安装同时进行。

第六步：安装多层板

将 12mm 厚多层板面用防火涂料刷三遍，用射钉将多层板与轻钢龙骨石膏板导向隔墙固定。

第七步：基层处理、地面找平、黏结层施工并铺贴地面石材

第八步：贴装银镜饰面

第九步：相接面处理

墙面银镜与地面石材相接处用 304 不锈钢做包边处理。

地面常用大理石、文化石、粗面花岗岩以及人造
石材为饰面层，其中粗面花岗岩和人造石材适合
在卫浴间及客厅走廊中使用。

银镜墙面与石材地面交接（2）实景效果图

6.4
银镜墙面与地板地面交接

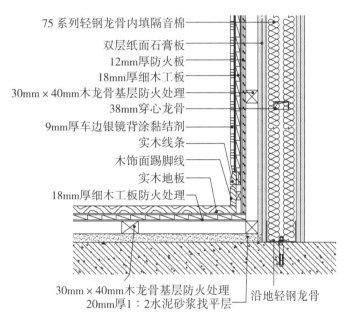

75 系列轻钢龙骨内填隔音棉
双层纸面石膏板
12mm厚防火板
18mm厚细木工板
30mm×40mm木龙骨基层防火处理
38mm穿心龙骨
9mm厚车边银镜背涂黏结剂
实木线条
木饰面踢脚线
实木地板
18mm厚细木工板防火处理

30mm×40mm木龙骨基层防火处理
20mm厚1：2水泥砂浆找平层
沿地轻钢龙骨

银镜墙面与地板地面交接节点图

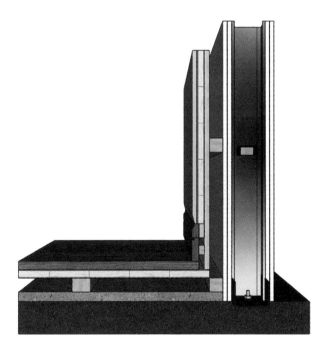

银镜墙面与地板地面交接三维示意图

扫 / 码 / 观 / 看
"银镜墙面与地板地面交
接"三维节点动图

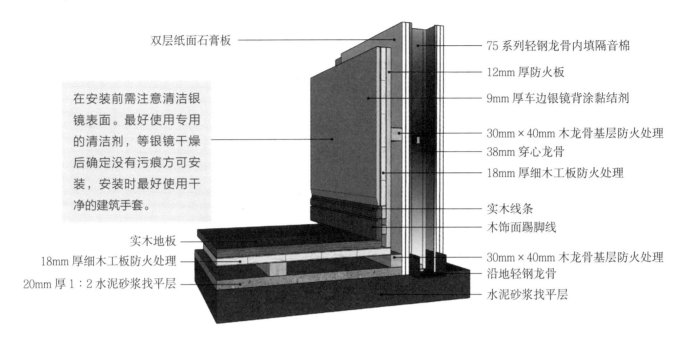

双层纸面石膏板

75 系列轻钢龙骨内填隔音棉

12mm 厚防火板

9mm 厚车边银镜背涂黏结剂

30mm×40mm 木龙骨基层防火处理

38mm 穿心龙骨

18mm 厚细木工板防火处理

实木线条

木饰面踢脚线

30mm×40mm 木龙骨基层防火处理

沿地轻钢龙骨

水泥砂浆找平层

在安装前需注意清洁银镜表面。最好使用专用的清洁剂，等银镜干燥后确定没有污痕方可安装，安装时最好使用干净的建筑手套。

实木地板

18mm 厚细木工板防火处理

20mm 厚 1:2 水泥砂浆找平层

银镜墙面与地板地面交接三维示意图解析

/ 实木地板的挑选 /

① 测量地板的含水率

国家标准规定木地板的含水率为 8%~13%。购买时先测选中木地板的含水率，然后再测未开包装的同材种、同规格的木地板的含水率，如果相差在 ±2% 以内，可认为合格。

② 观测木地板的精度

木地板开箱后可取出 10 块左右徒手拼装，观察接口咬合、拼装间隙、相邻板间高度差。

③ 检查基材的缺陷

先查是否为同一树种，是否混乱，地板是否有死节、活节、开裂、腐朽、菌变等缺陷。

④ 识别木地板材种

需要注意的是并非进口的材质就一定比国产材质好，我国许多地区的树种既好，价格也比同类进口的材种低。

⑤ 选择合适的尺寸

建议选择中短长度地板，不易变形，长度、宽度过大的木地板相对容易变形。

工艺解析

第一步：建纸面石膏板隔墙

隔墙采用 75 系列轻钢龙骨竖龙骨及 38 系列穿心龙骨，龙骨两面固定双层纸面石膏板，内填隔音棉。

第二步：基层处理

先将基层清扫干净，并用 20mm 厚比例为 1：2 的水泥砂浆进行找平。基层应干燥且做防腐处理（铺沥青油毡或防潮粉）。

第三步：测量放线

根据设计图纸尺寸测量放线，测出基层面的标高、木龙骨的安装位置线及墙地面垂直和水平的控制线。弹线要求清晰、准确，不能有遗漏，同一水平的弹线需交圈控制。

第四步：安装木龙骨

采用 30mm×40mm 的木龙骨，木龙骨需做防火处理，并按弹线位置用长钉分别与墙面双层纸面石膏板及地面找平层固定。

第五步：铺贴地面基层板

在木龙骨的上方用自攻螺丝将 18mm 厚细木工板与木龙骨钉在一起，同时在细木工板的背面开防变形拉槽。

第六步：铺贴墙面基层板

将 12mm 的多层板用螺丝与墙面木龙骨固定，并将 18mm 厚的细木工板以同样的方式按照弹线定位与多层板固定。细木工板与多层板均需进行防火处理。

第七步：铺贴地板

实木地板的铺设方向应考虑铺钉方便、固定牢固、实用美观等要求。对于走廊、过道等部位，应顺着行走的方向铺设；而室内房间，应顺光线铺设。对于多数房间而言，顺光线方向与行走方向是一致的。

第八步：贴装银镜

在多层板上固定一根与细木工板相同厚度的木条，木饰面踢脚线安装在固定的木条上方。9mm 厚车边银镜背面涂黏结剂，距踢脚线一定距离贴装，银镜与踢脚线间用实木线条进行过渡。

第九步：相接面处理

清理完成面的木屑与污渍杂物，在木踢脚线与地板相接处注胶填缝，或用美缝剂进行美缝处理。

复式公寓内的地板通过不同的铺装方式可以形成多变的装饰效果，结合可以产生折射的银镜墙面，能够增加采光和空间层次。

银镜墙面与地板地面交接实景效果图

6.5
墙纸墙面与环氧磨石地面交接

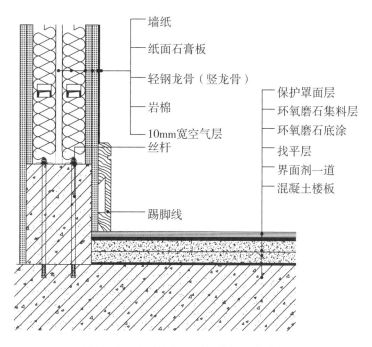

墙纸
纸面石膏板
轻钢龙骨（竖龙骨）
岩棉
10mm宽空气层
丝杆

保护罩面层
环氧磨石集料层
环氧磨石底涂
找平层
界面剂一道
混凝土楼板

踢脚线

墙纸墙面与环氧磨石地面交接节点图

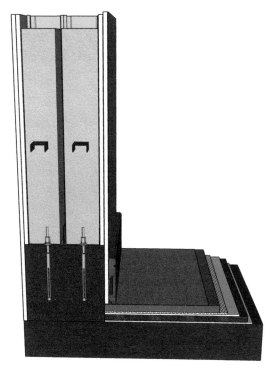

墙纸墙面与环氧磨石地面交接三维示意图

扫 / 码 / 观 / 看
"墙纸墙面与环氧磨石地
面交接"三维节点动图

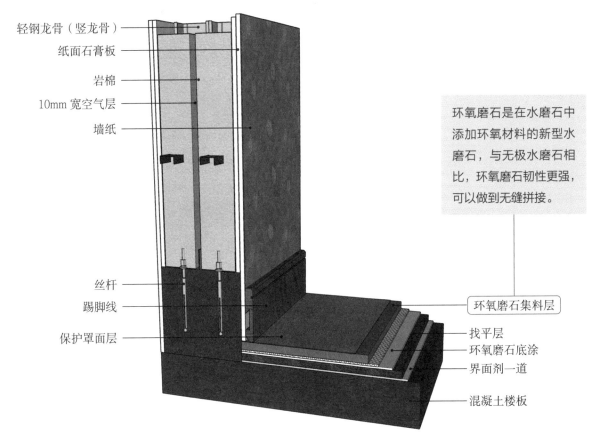

轻钢龙骨（竖龙骨）

纸面石膏板

岩棉

10mm 宽空气层

墙纸

环氧磨石是在水磨石中添加环氧材料的新型水磨石，与无极水磨石相比，环氧磨石韧性更强，可以做到无缝拼接。

丝杆

踢脚线

保护罩面层

环氧磨石集料层

找平层

环氧磨石底涂

界面剂一道

混凝土楼板

墙纸墙面与环氧磨石地面交接三维示意图解析

/ 环氧磨石的保养技巧 /

① 打蜡处理

保养水磨石最常用的方法就是对其地面进行打蜡处理，进而保证地面光亮、晶莹剔透。但是这种方法只是短暂地改变了表层的光泽度，且工序烦琐，需要每隔一段时间就进行保养，成本也较高。

② 翻新

利用石材翻新磨片、光亮剂、结晶粉等材料用研磨机打磨地面，给水磨石的表面做防护处理，进行翻新结晶，以此来保证地面的光泽度。

③ 硬化处理

在水磨石地面表面喷涂硬化剂，并对地面进行打磨抛光，不仅能够长期保持地面的光泽度，而且地面会越使用光泽度越好，能够提高水磨石的硬度和耐磨性，起到抗渗、防尘的效果。

工艺解析

第一步：建轻钢龙骨石膏板导向墙

现浇混凝土导梁，用丝杆与橡胶垫将沿地龙骨与导梁固定，安装竖向轻钢龙骨，安装一层石膏板，分两段填充岩棉，两段岩棉间有 10mm 宽空气层，填充岩棉的同时安装另一侧石膏板。

第二步：基层处理

施工前应检查地面基层的强度及含水率，并进行真空抛丸处理，增强地面的附着力。墙面基层的处理直接影响到壁纸的装饰效果，所以应该认真做好基层墙面的处理工作。处理过后的墙地面应平整、清洁、干燥，颜色均匀一致，无空隙、凸凹不平等缺陷。

第三步：地面找平

地面刷一道界面剂，再用细石混凝土做 30mm 厚的找平层，环氧磨石底涂应采用银镜纤维网进行加强，并对找平层进行局部的修平。

第四步：铺设集料层

根据图纸中对地面的设计进行现场放样，放样时注意参照点，保证放样的准确，同时用笔标出放样线条反复校正，确保不走样。将骨料按配比用搅拌机搅拌均匀，铺设集料层，再用抹平机进行抹平，最后检查有无漏铺。

第五步：打磨处理

环氧磨石集料层铺料完成 24 小时后，进行打磨处理，打磨顺序为粗磨→补浆→细磨→补浆→精磨。用洗地机清洗地面并晾干，两边涂密封剂，干燥后用快速抛光机初步抛光，再用晶面处理剂对地面进行打磨抛光，做防护罩面层。

第六步：安装踢脚线

将踢脚线用踢脚线挂条与纸面石膏板相固定。

第七步：刷乳胶漆

先在打磨平滑的墙面上刷上一层封闭乳胶漆，防止墙体水盐渗出，毁坏墙面饰物，影响美观，同时其附着力起到结合层间材料的作用。刷完封闭乳胶漆后，需再刷一道渗透基膜，防止墙纸、墙布受潮脱落。

第八步：贴壁纸

壁纸纸背预先刷一遍清水，再刷一遍壁纸胶，裱糊的基层也刷一遍壁纸胶。壁纸裱糊时，纸幅要垂直，先对花、对纹、拼缝，然后用薄钢片刮板由上而下辊平、压实。多余的壁纸胶顺刮板操作方向挤出纸边，并及时用湿毛巾抹净。墙纸随踢脚线收口。

第九步：相接面处理

踢脚线与环氧磨石相接处注胶填缝或用美缝剂进行美缝处理。

环氧磨石和墙面墙纸相接，可以使空间的整体性更加强烈。环氧磨石更适合用于商业性建筑及办公楼中，如办公区、商场、超市、餐馆等空间。

墙纸墙面与环氧磨石地面交接实景效果图

6.6

乳胶漆墙面与环氧磨石地面交接

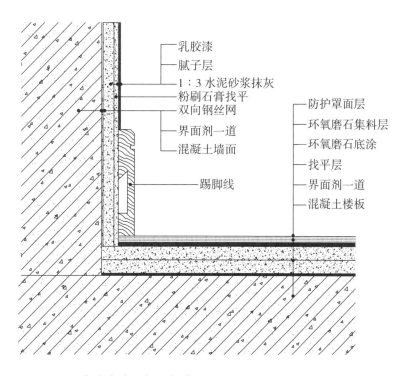

乳胶漆
腻子层
1：3水泥砂浆抹灰
粉刷石膏找平
双向钢丝网
界面剂一道
混凝土墙面

防护罩面层
环氧磨石集料层
环氧磨石底涂
找平层
界面剂一道
混凝土楼板

踢脚线

乳胶漆墙面与环氧磨石地面交接节点图

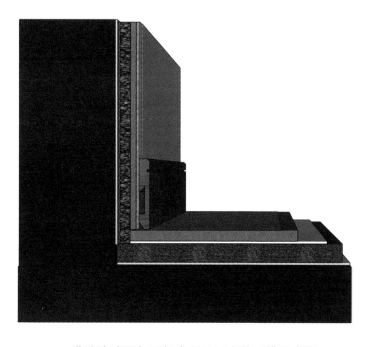

乳胶漆墙面与环氧磨石地面交接三维示意图

扫 / 码 / 观 / 看
"乳胶漆墙面与环氧磨石
地面交接"三维节点动图

255

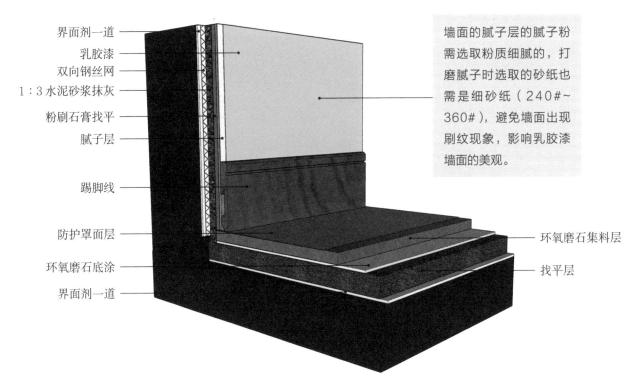

界面剂一道

乳胶漆

双向钢丝网

1:3水泥砂浆抹灰

粉刷石膏找平

腻子层

踢脚线

防护罩面层

环氧磨石底涂

界面剂一道

墙面的腻子层的腻子粉需选取粉质细腻的，打磨腻子时选取的砂纸也需是细砂纸（240#~360#），避免墙面出现刷纹现象，影响乳胶漆墙面的美观。

环氧磨石集料层

找平层

乳胶漆墙面与环氧磨石地面交接三维示意图解析

/ 环氧磨石集料的选择及平整度的控制 /

磨石集料是环氧磨石实现装饰性效果的主要载体，应坚硬耐磨、色彩鲜艳、搭配得当。碎贝壳片、银镜碎片、碎塑料片、碎彩石、石英砂等材料都可作为磨石集料。磨石集料可以选择一种或几种的混合，其粒径根据浇注磨石层的厚度确定，通常集料的最大粒径应比磨石层厚度小 1mm 左右，以免给机械抹平带来困难。集料一般需要级配，即不同粒径的集料混合使用，以提高填充率，减少基料用量。

在普通水泥地面或环氧磨石地坪中，通常采用铝条靠尺来找平，但是若是整体浇注的环氧磨石地面，其平整度要求很高，而且树脂地面一旦固化成形后，就比较难于处理，打磨、抛光设备也只能做到局部平整，在施工环氧磨石浆料时，可以利用激光找平仪对地坪进行激光找平，使浇注的环氧磨石地坪达到很高的平整度，整体误差不超过 1cm。

工艺解析

第一步：基层处理

第二步：地面找平

地面刷一道界面剂，再用细石混凝土做 30mm 厚的找平层，环氧磨石底涂应采用银镜纤维网进行加强，并对找平层进行局部的修平。

第三步：墙面挂网、抹灰

在混凝土墙面刷一道界面剂，用墙面钉将双向钢丝网固定在墙面。用水淋湿墙面后，用比例为 1 : 3 的水泥砂浆抹灰。

第四步：铺设集料层

第五步：打磨处理

地面打磨完后应使用保护膜对环氧磨石地坪进行处理，避免涂料施工污染地面。

第六步：找平及满刮腻子

粉刷石膏进行找平，并刮腻子。腻子一般要满批 2~3 遍，墙面的批刮方式一般是上下左右直刮，孔洞处和缝隙处的腻子要压平实，嵌得饱满，但不能高出基层表面。待腻子干透后，使用砂纸将高出的和较为粗糙的地方打磨平整。

第七步：刷乳胶漆

乳胶漆通常要刷两遍，每遍之间的时间应视其表面干透时间而定，第二遍乳胶漆刷完干透前应注意防水、防旱、防晒，以及防止漆膜出现问题。乳胶漆的漆膜干燥快，所以应连续迅速操作，逐渐涂刷向另一边。一定要注意上下顺刷、互相衔接，避免出现接槎明显的问题。

第八步：安装踢脚线

第九步：相接面处理

乳胶漆施工完成后立刻撕除地面保护膜，避免保护膜完全干燥后无法撕脱造成地面的二次污染。

乳胶漆墙面与环氧磨石地面相接时，可采用适宜颜色的
饰面进行装饰，使墙地面材料的装修效果更加美观。

乳胶漆墙面与环氧磨石地面交接实景效果图

6.7
硬包墙面与地板地面交接

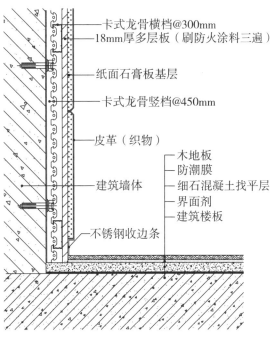

卡式龙骨横档@300mm
18mm厚多层板（刷防火涂料三遍）
纸面石膏板基层
卡式龙骨竖档@450mm
皮革（织物）
木地板
防潮膜
细石混凝土找平层
界面剂
建筑楼板
建筑墙体
不锈钢收边条

硬包墙面与地板地面交接节点图

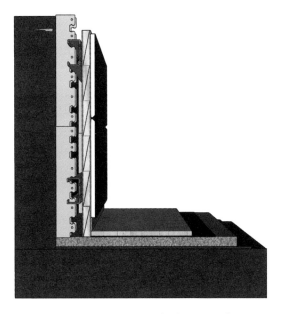

硬包墙面与地板地面交接三维示意图

扫 / 码 / 观 / 看
"硬包墙面与地板地面交接"三维节点动图

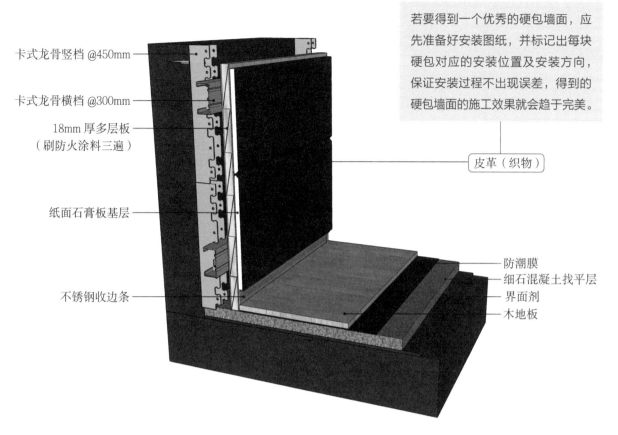

卡式龙骨竖档 @450mm

卡式龙骨横档 @300mm

18mm 厚多层板
（刷防火涂料三遍）

纸面石膏板基层

不锈钢收边条

若要得到一个优秀的硬包墙面，应先准备好安装图纸，并标记出每块硬包对应的安装位置及安装方向，保证安装过程不出现误差，得到的硬包墙面的施工效果就会趋于完美。

皮革（织物）

防潮膜
细石混凝土找平层
界面剂
木地板

硬包墙面与地板地面交接三维示意图解析

/ 墙面硬包皮革分类 /

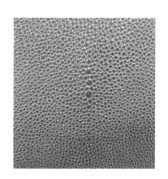

真皮

类型： 头层皮、二层皮等

用途： 墙壁及家具的硬包、软包造型

再生皮

类型： 压花皮、印花皮等

用途： 墙壁及家具的硬包、软包造型

人造革

类型： PVC 人造革及 PU 人造革等

用途： 墙壁及家具的硬包、软包造型

合成革

类型： 单层结构、两层结构和三层结构等

用途： 墙壁及家具的硬包、软包造型

工艺解析

第一步：基层处理

在新砌或原有墙面及建筑楼板上涂刷防水涂料，安装地宝。

第二步：定位弹线

通过吊直、套方、找规矩、弹线等工序，根据图纸在墙面弹出分格线并校对位置的准确性，同时弹出竖向和水平的控制线。为保证地面平整度，隔一定距离做标高线，即标筋。

第三步：安装条形夹芯板

先将夹芯板涂防火涂料，晾干后按弹线的位置用螺丝固定在建筑墙面。

第四步：材料加工

按设计要求将硬包布料及底板进行裁切，布料下料时每边应长出50mm以便于包裹绷边。剪裁时应横平竖直，保证尺寸正确。

第五步：安装底板

将经阻燃处理的底板用螺丝固定在竖龙骨上，按分格线用气钉将底板固定在木饰面挂条上，底板应平整，且钉帽不得凸出板面。

第六步：粘贴面料

底板表面均匀涂刷一层白乳胶，白乳胶稍干后，将面料按顺序从下至上用钢钉固定在底板上，拼接时应注意布料花纹相邻之间的对称。安装贴面或装饰边线。

第七步：地面找平

找平前为控制砂浆的厚度一致，做灰饼，并扫水泥砂浆后，用比例为1∶4的水泥砂浆做找平，并铺贴铺料。

第八步：铺贴地板

铺设地板专用消音棉，地板从边角处开始铺设，先顺着竖向铺设，再并列横向铺设。铺设地板时不能太过用力，避免拼接处凸起。在固定地板时，要注意地板是否有端头裂缝、相邻地板高差过大或者拼板缝隙过大等问题。

第九步：相接面处理

清理硬包表面灰尘，处理面料的钉眼及胶痕，并清洁木地板。硬包与木地板相接处用玻璃胶粘贴不锈钢收边条进行收边。

具有立体感的硬包墙面与具有天然木质纹、脚
感舒适的地板地面相结合，适用于家居空间的
卧室及中小型工装空间。

硬包墙面与地板地面交接实景效果图

6.8
石材墙面与石材地面交接

▶▶ **石材墙面与石材地面交接（1）**

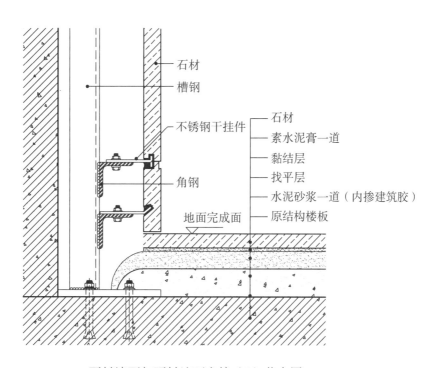

石材墙面与石材地面交接（1）节点图

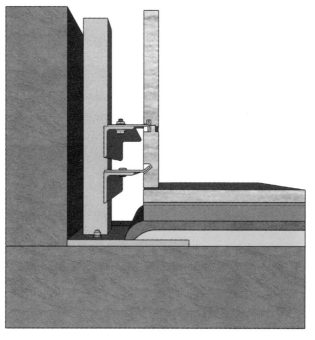

石材墙面与石材地面交接（1）三维示意图

扫 / 码 / 观 / 看
"石材墙面与石材地面交
接（1）"三维节点动图

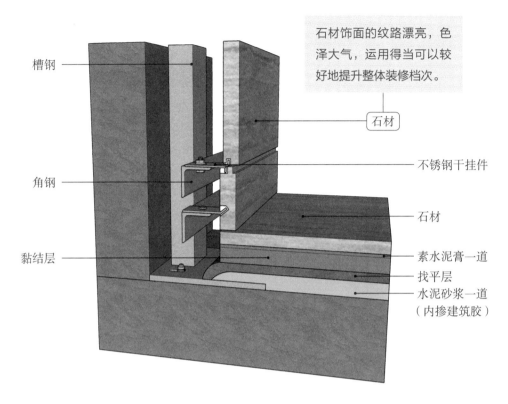

石材饰面的纹路漂亮，色泽大气，运用得当可以较好地提升整体装修档次。

槽钢

石材

不锈钢干挂件

角钢

石材

素水泥膏一道

找平层

黏结层

水泥砂浆一道
（内掺建筑胶）

石材墙面与石材地面交接（1）三维示意图解析

工艺解析

清洁原建筑墙地面基层，在地面刷一道掺建筑胶的水泥浆，墙地面交接处用膨胀螺栓在地面预埋钢板。

镀锌槽钢作竖向龙骨满焊在镀锌钢板上，作镀锌角钢的横向龙骨满焊在竖向龙骨上的同时，将不锈钢干挂件一端通过螺栓固定在横向龙骨上。

安装石材有凹槽的成品石材踢脚线。将石材饰面与挂件嵌缝安装，测试板面的稳定性，确定无误后清扫拼接缝并嵌入橡胶条或泡沫条。

第一步
基层处理

第三步
安装龙骨及挂件

第五步
黏结层施工

第七步
挂装石材饰面

第二步
定位弹线

第四步
地面找平

第六步
铺贴地面石材

第八步
相接面处理

在卫浴间中使用风格统一的墙地面的石材饰面，可以使空间给人的感觉更加整体。

石材墙面与石材地面交接（1）实景效果图

▶▶ **石材墙面与石材地面交接（2）**

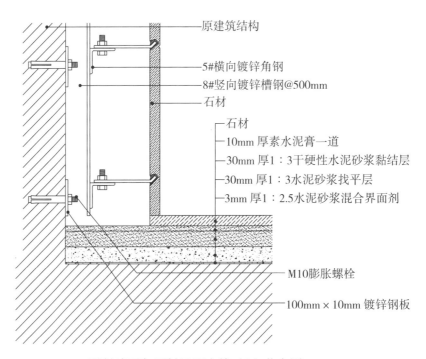

原建筑结构

5#横向镀锌角钢
8#竖向镀锌槽钢@500mm
石材

石材
10mm 厚素水泥膏一道
30mm 厚1：3干硬性水泥砂浆黏结层
30mm 厚1：3水泥砂浆找平层
3mm 厚1：2.5水泥砂浆混合界面剂

M10膨胀螺栓

100mm×10mm 镀锌钢板

石材墙面与石材地面交接（2）节点图

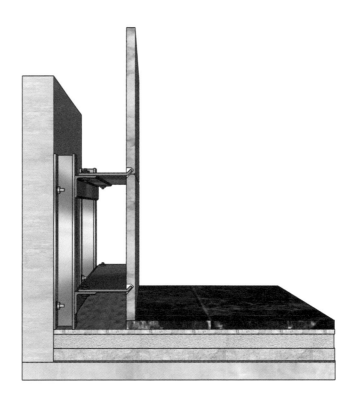

石材墙面与石材地面交接（2）三维示意图

扫 / 码 / 观 / 看
"石材墙面与石材地面交
接（2）"三维节点动图

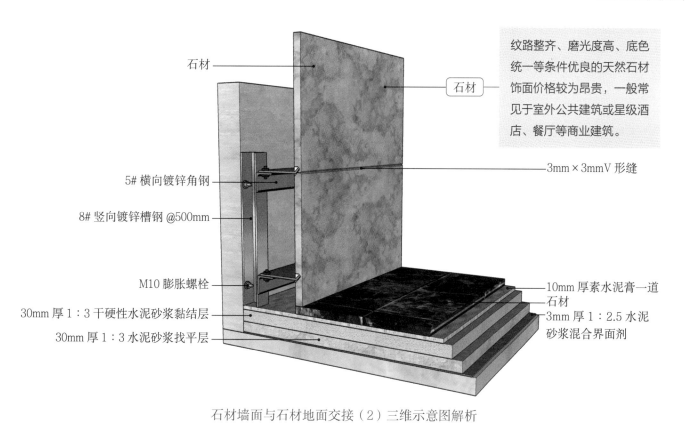

石材

石材

纹路整齐、磨光度高、底色统一等条件优良的天然石材饰面价格较为昂贵，一般常见于室外公共建筑或星级酒店、餐厅等商业建筑。

5# 横向镀锌角钢

8# 竖向镀锌槽钢 @500mm

3mm×3mmV 形缝

M10 膨胀螺栓

30mm 厚 1 : 3 干硬性水泥砂浆黏结层

30mm 厚 1 : 3 水泥砂浆找平层

10mm 厚素水泥膏一道
石材
3mm 厚 1 : 2.5 水泥砂浆混合界面剂

石材墙面与石材地面交接（2）三维示意图解析

工艺解析

将墙地面基层清理干净，并用直径 10mm 的膨胀螺栓将尺寸为 100mm× 10mm 的镀锌钢板按弹线固定在墙面。

将开 3mm×3mmV 形缝槽的石材安装在干挂件上，并用 AB 胶固定，或用石材条协助粘贴。

第一步 基层处理	第三步 黏结层施工	第五步 定位弹线	第七步 挂装石材饰面

第二步 地面找平	第四步 铺贴地面石材	第六步 安装龙骨及挂件	第八步 相接面处理

按弹线位置将 8# 竖向镀锌槽钢间隔 500mm 与墙面预埋钢板焊接固定，5# 横向镀锌角钢与竖向槽钢焊接后，在角钢上安装石材干挂件。

墙地面使用错色的小块釉面石材作为饰面，可以让设计更加轻快活泼，用于小型商业的铺面，如用于咖啡厅，是较为不错的选择。

石材墙面与石材地面交接（2）实景效果图

►► 石材墙面与石材地面交接（3）

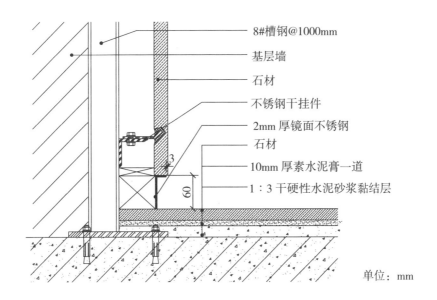

8#槽钢@1000mm

基层墙

石材

不锈钢干挂件

2mm 厚镜面不锈钢

石材

10mm 厚素水泥膏一道

1：3 干硬性水泥砂浆黏结层

单位：mm

石材墙面与石材地面交接（3）节点图

石材墙面与石材地面交接（3）三维示意图

扫 / 码 / 观 / 看
"石材墙面与石材地面交
接（3）"三维节点动图

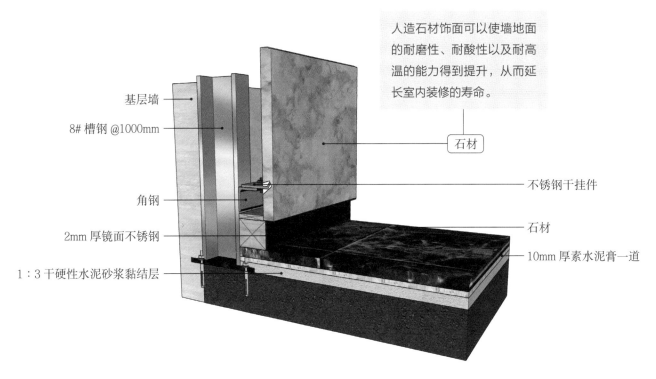

人造石材饰面可以使墙地面的耐磨性、耐酸性以及耐高温的能力得到提升，从而延长室内装修的寿命。

基层墙

8# 槽钢 @1000mm

角钢

2mm 厚镜面不锈钢

1：3 干硬性水泥砂浆黏结层

石材

不锈钢干挂件

石材

10mm 厚素水泥膏一道

石材墙面与石材地面交接（3）三维示意图解析

工艺解析

墙面石材与地面石材间的缝隙用 2mm 厚镜面不锈钢踢脚线进行过渡。

| 第一步
基层处理 | 第三步
安装龙骨及挂件 | 第五步
黏结层施工 | 第七步
相接面处理 |

| 第二步
定位弹线 | 第四步
挂装石材饰面 | 第六步
铺贴地面石材 |

用木条控制石材安装的间距后，将墙面石材用不锈钢干挂件固定安装。

庭院中选用天然石材和具有各类花纹的人造石材，使墙地面与自然景色融为一体。

石材墙面与石材地面交接（3）实景效果图

▶▶ **石材墙面与石材地面交接（4）**

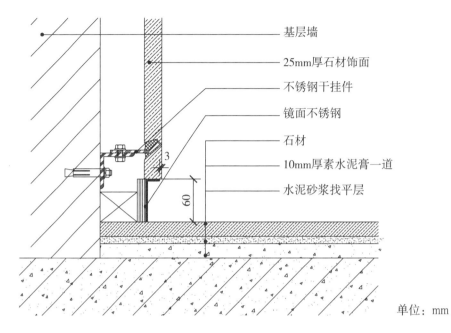

基层墙

25mm厚石材饰面

不锈钢干挂件

镜面不锈钢

石材

10mm厚素水泥膏一道

水泥砂浆找平层

单位：mm

石材墙面与石材地面交接（4）节点图

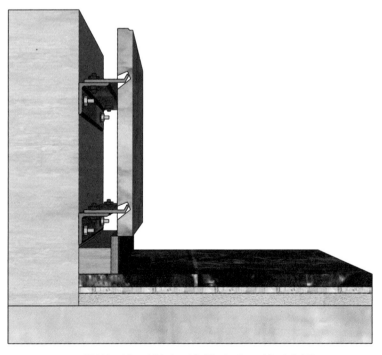

石材墙面与石材地面交接（4）三维示意图

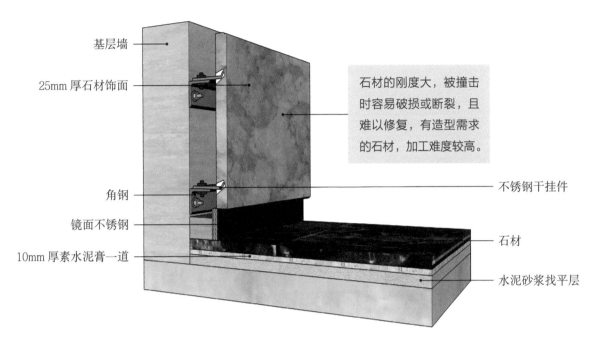

基层墙

25mm 厚石材饰面

石材的刚度大，被撞击时容易破损或断裂，且难以修复，有造型需求的石材，加工难度较高。

角钢

不锈钢干挂件

镜面不锈钢

石材

10mm 厚素水泥膏一道

水泥砂浆找平层

石材墙面与石材地面交接（4）三维示意图解析

工艺解析

将横向角钢用膨胀螺栓与基层墙面固定，再用螺栓在角钢上方安装不锈钢干挂件。

墙地面石材相接处用镜面不锈钢做踢脚过渡。

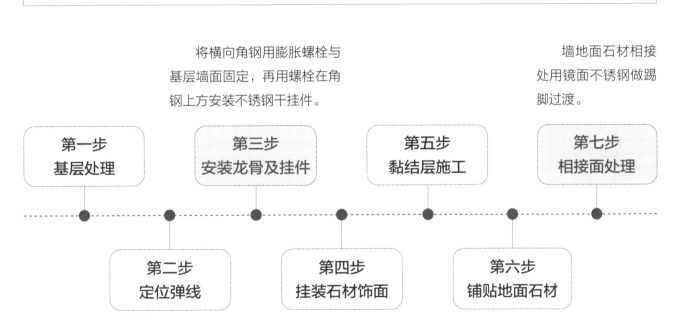

| 第一步 基层处理 | 第三步 安装龙骨及挂件 | 第五步 黏结层施工 | 第七步 相接面处理 |

| 第二步 定位弹线 | 第四步 挂装石材饰面 | 第六步 铺贴地面石材 |

浅色的石材地面和同色的石材墙面相搭配，让空间更加具有统一性和一体感，少量的木色和不锈钢做点缀，减轻了空间的清冷感，为空间增加了温馨的感觉。

石材墙面与石材地面交接（4）实景效果图

▶▶ **石材墙面与石材地面交接（5）**

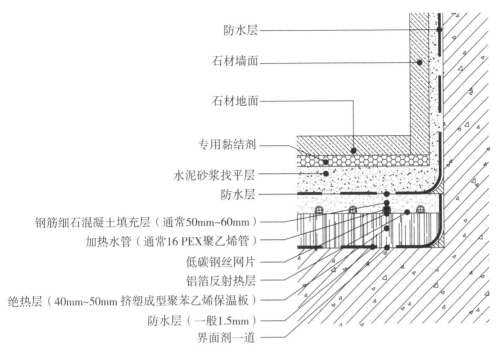

防水层

石材墙面

石材地面

专用黏结剂

水泥砂浆找平层

防水层

钢筋细石混凝土填充层（通常50mm~60mm）

加热水管（通常16 PEX聚乙烯管）

低碳钢丝网片

铝箔反射热层

绝热层（40mm~50mm 挤塑成型聚苯乙烯保温板）

防水层（一般1.5mm）

界面剂一道

石材墙面与石材地面交接（5）节点图

石材墙面与石材地面交接（5）三维示意图

扫 / 码 / 观 / 看
"石材墙面与石材地面交
接（5）"三维节点动图

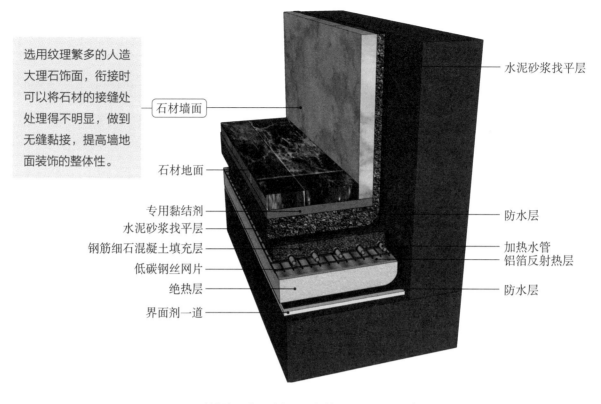

选用纹理繁多的人造大理石饰面，衔接时可以将石材的接缝处处理得不明显，做到无缝黏接，提高墙地面装饰的整体性。

石材墙面

石材地面

专用黏结剂

水泥砂浆找平层

钢筋细石混凝土填充层

低碳钢丝网片

绝热层

界面剂一道

水泥砂浆找平层

防水层

加热水管
铝箔反射热层

防水层

石材墙面与石材地面交接（5）三维示意图解析

工艺解析

墙地面刷一道界面剂，并做 1.5mm 左右的防水层，对防水处理做闭水试验。

将 16PEX 聚乙烯加热水管铺设在低碳钢丝网片上后，做 50mm~60mm 厚钢筋细石混凝土填充层，再刷一层防水涂料。

用专用黏结剂刷墙地面完成面及石材饰面的背面，做黏结层。

| 第一步 基层处理 | 第三步 铺设水管及填充层 | 第五步 黏结层施工 | 第七步 铺贴地面石材 |

| 第二步 地面功能层施工 | 第四步 地面找平 | 第六步 铺贴墙面石材 | 第八步 相接面处理 |

40mm~50mm 挤塑成型的聚苯乙烯保温板做隔热层安装在防水层上方，完成后铺铝箔反射热层及低碳钢丝网片。

线条构成的地面石材与绘有不规则的形体图案的墙面石材相接，是极具后现代主义风格的室内装修风格。

石材墙面与石材地面交接（5）实景效果图

6.9
护墙板墙面与石材地面交接

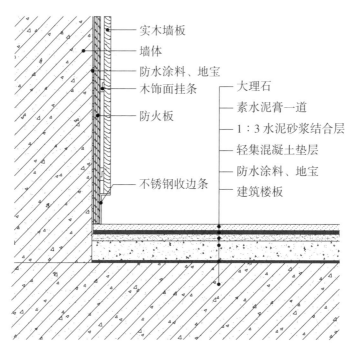

实木墙板
墙体
防水涂料、地宝
木饰面挂条
防火板
大理石
素水泥膏一道
1：3 水泥砂浆结合层
轻集混凝土垫层
防水涂料、地宝
不锈钢收边条
建筑楼板

护墙板墙面与石材地面交接节点图

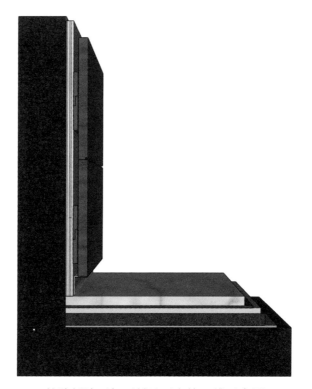

扫 / 码 / 观 / 看
"护墙板墙面与石材地面
交接"三维节点动图

护墙板墙面与石材地面交接三维示意图

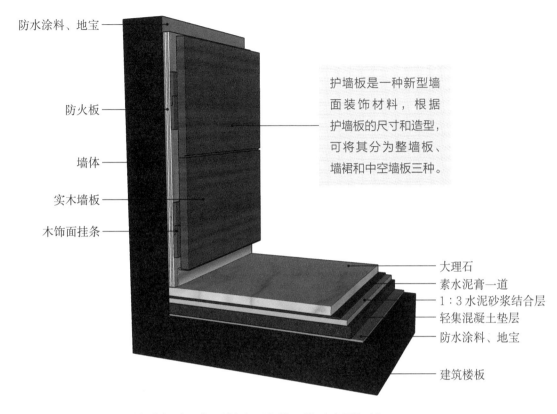

防水涂料、地宝

防火板

墙体

实木墙板

木饰面挂条

护墙板是一种新型墙面装饰材料，根据护墙板的尺寸和造型，可将其分为整墙板、墙裙和中空墙板三种。

大理石
素水泥膏一道
1：3水泥砂浆结合层
轻集混凝土垫层
防水涂料、地宝

建筑楼板

护墙板墙面与石材地面交接三维示意图解析

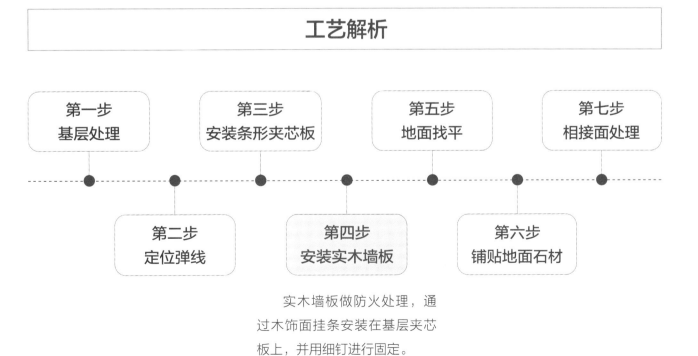

工艺解析

第一步
基层处理

第三步
安装条形夹芯板

第五步
地面找平

第七步
相接面处理

第二步
定位弹线

第四步
安装实木墙板

第六步
铺贴地面石材

实木墙板做防火处理，通过木饰面挂条安装在基层夹芯板上，并用细钉进行固定。

护墙板具有良好的装饰效果，价格便宜且维修保养十分方便，可代替墙砖、壁纸等饰面与地面石材相接，常见于糅合传统和现代美感的酒店装潢中。

护墙板墙面与石材地面交接实景效果图

6.10
吸音板墙面与石材地面交接

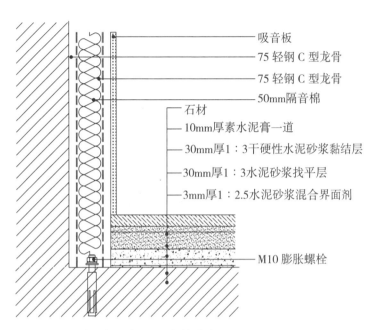

吸音板
75 轻钢 C 型龙骨
75 轻钢 C 型龙骨
50mm隔音棉
石材
10mm厚素水泥膏一道
30mm厚1：3干硬性水泥砂浆黏结层
30mm厚1：3水泥砂浆找平层
3mm厚1：2.5水泥砂浆混合界面剂
M10 膨胀螺栓

吸音板墙面与石材地面交接节点图

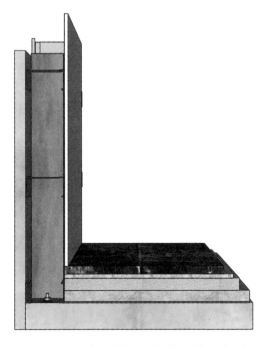

吸音板墙面与石材地面交接三维示意图

扫 / 码 / 观 / 看
"吸音板墙面与石材地面
交接"三维节点动图

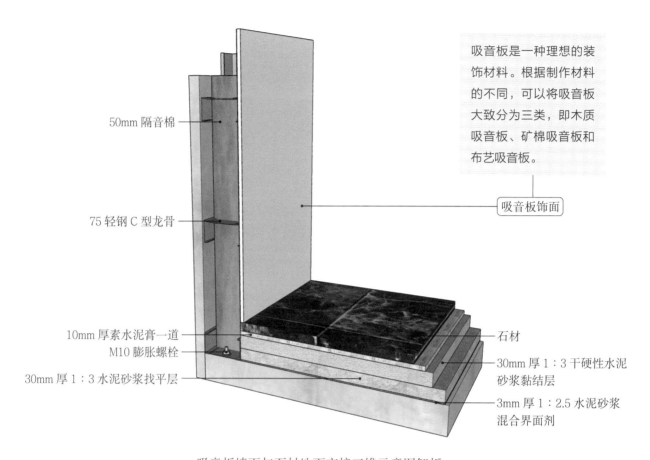

50mm 隔音棉

75 轻钢 C 型龙骨

10mm 厚素水泥膏一道
M10 膨胀螺栓
30mm 厚 1:3 水泥砂浆找平层

吸音板是一种理想的装饰材料。根据制作材料的不同，可以将吸音板大致分为三类，即木质吸音板、矿棉吸音板和布艺吸音板。

吸音板饰面

石材

30mm 厚 1:3 干硬性水泥砂浆黏结层

3mm 厚 1:2.5 水泥砂浆混合界面剂

吸音板墙面与石材地面交接三维示意图解析

/ 石材无缝工艺 /

① 勾缝处理

先根据石材的颜色，勾兑填缝剂，调制出相近的样色，再加入硬化剂，以便后续的施工。将填缝剂勾入缝隙。使用铲子等工具将填缝剂均匀地填入到石材的缝隙中，溢出的部分及时用抹布擦拭干净，防止粘到石材的表面。

② 研磨石材接缝处

粗磨三遍。使用砂轮机对石材的缝隙处进行研磨，此步骤需重复三遍，将石材的亮面完全磨平。细磨一遍。使用钻石研磨机对石材的缝隙处进行细磨，直至石材表面的缝隙完全看不见。

工艺解析

第一步：基层处理及定位弹线

检查墙地面基层的强度，将墙地面凸起部分铲平，并对凹陷处用水泥砂浆进行填补，保证墙地面的平整、清洁。清理完成后，按设计图纸在基层面上弹出各构件安装位置线及水平和垂直的控制线。

第二步：现浇混凝土导墙

第三步：安装龙骨及填充材料

隔墙内沿地龙骨用 M10 膨胀螺栓与现浇混凝土导墙固定，横竖向龙骨采用 20mm×40mm 镀锌方管间隔 300mm 通长布置，并填充隔音岩棉。

第四步：地面找平

第五步：黏结层施工

第六步：铺贴地面石材

试铺石材，并按经试铺确认的石材编号对石材进行铺贴。铺贴时，必须要用橡皮锤轻轻敲击，手法是从中间到四边，再从四边到中间反复数次，使地砖与砂浆黏结紧密，并要随时调整平整度和缝隙。

第七步：安装基层板

18mm 厚的 MDF 即中密度纤维板做防火防腐处理后与隔墙方管固定作为基层。

第八步：安装吸音板

基层板及吸音板上各固定一块专用吸音板挂件，吸音板饰面用专用的吸音板挂件安装在基层板上，确定拼缝整齐后用细钉固定。

第九步：相接面处理

墙面基层板及吸音板饰面采用直接的方式与地面石材相接，除采用注胶的方式对接缝进行处理外，还可采用颜色相近的水泥浆进行擦缝处理。

易于施工且具有良好的隔音阻燃等性能的吸音
板墙面，经常与石材地面结合，用于大剧院、
音乐厅、影院、法庭、报告厅等场所。

吸音板墙面与石材地面交接实景效果图